高职高专规划教材

高 等 数 学

（上册）

孔琳玲　　刘立超　　张兰芳　　主编
　　　　靳永山　　主审

石油工业出版社

内 容 提 要

本书为《高等数学》上册,主要介绍函数、极限与连续、导数与微分、导数的应用、不定积分、定积分、数学软件包 Mathematica 应用等方面的内容。本书以"联系实际,注重应用"为原则,注重基本概念、基本定理用几何意义、物理意义和实际背景加以诠释。每章、节后都附有习题,书末附有习题答案。

本书主要适用于工科类高职高专各专业师生使用,也可供经管类各专业师生使用,还可作为"专接本"考试的教材或参考书。

图书在版编目(CIP)数据

高等数学. 上册/孔琳玲,刘立超,张兰芳主编. —北京:石油工业出版社,2020.6(2022.9 重印)

高职高专规划教材

ISBN 978 – 7 – 5183 – 4060 – 6

Ⅰ. ①高… Ⅱ. ①孔… ②刘… ③张… Ⅲ. ①高等数学—高等职业教育—教材 Ⅳ. ①O13

中国版本图书馆 CIP 数据核字(2020)第 095302 号

出版发行:石油工业出版社
     (北京市朝阳区安华里 2 区 1 号楼   100011)
     网   址:www. petropub. com
     编辑部:(010)64256990
     图书营销中心:(010)64523633   (010)64523731
经   销:全国新华书店
排   版:北京密东文创科技有限公司
印   刷:北京晨旭印刷厂

2020 年 6 月第 1 版   2022 年 9 月第 4 次印刷
787 毫米×1092 毫米   开本:1/16   印张:10
字数:254 千字

定价:22.00 元
(如发现印装质量问题,我社图书营销中心负责调换)

前　言

　　高等数学是各高职高专院校各专业必修的一门重要的基础课程。它对培养提高学生的思维素质、创新能力、科学精神、治学态度及用数学知识解决实际问题的能力都有非常重要的作用。学好高等数学不但是学好其他课程的前提,也是石油等行业工程技术人员所必须具备的基本素质。

　　经过多年的教学研究与实践,我们认识到石油行业高职高专院校的数学教育必须培养学生如下三方面的能力:一是用数学思想、概念及方法消化、吸收工程概念和工程原理的能力;二是把实际问题转化为数学模型的能力,结合数学建模突出"以应用为目的,突出石油特色、工科特色,以必须够用为度"的教学原则,加强对学生应用意识、兴趣、能力的培养;三是突出数学概念与实际问题的联系,结合高职高专的特点,适度淡化深奥的数学理论,强调几何说明,结合具体内容进行数学建模训练,注重双向翻译能力的培养,进而升华为求解数学模型的能力。

　　本教材以培养学生的"创造能力和应用能力"为指导思想,把学生应用数学意识的培养贯穿于教材的各章节,让学生学得生动活泼,使师生素质教育跃上一个新的高度。

　　本教材力求在实施素质教育的理论与实践研究上从定性、定量上进一步优化,并在部分专业上进行应用,突出石油行业特色,其最终目的是要探索出一套符合中国国情、中国特色的高职数学建模的理论体系(通过问题讨论,培养创新能力;通过问题的引申,培养创造能力;通过问题背景,培养创新能力;通过挖掘内部条件,培养创新能力)。以数学建模为手段,激发学生学习数学的积极性,学会团结协作,建立良好的人际关系,培养相互合作的工作能力。以数学建模的方法为载体,使学生获得适应未来社会生活和进一步发展必需的重要数学事实(包括数学知识、数学活动经验)及基本思想方法和应用技能。

　　本教材旨在让学生变苦读为巧读,融会贯通课本知识,让学生对所学知识进行规律性的把握和思维能力的培养,使其成为具有综合能力和素质的复合型人才。

　　本教材由天津石油职业技术学院组织相关教师编写。构架结构的安排、统稿、定稿由齐万春、孔琳玲承担。上册由孔琳玲、刘立超、张兰芳主编,靳永山主审;下册由赵向、齐万春、徐文丽主编,刘瑞楼主审。上册具体编写分工为:孔琳玲、王庆喜、王景亮编写第一章、第二章,刘立超、张兰芳、靳永山、雷振河、齐万春编写第三章至第六章。本书的编写得到了天津石油职业技术学院领导的大力支持和帮助,在此一并表示衷心的感谢。

由于编者经验不足,水平有限,书中问题在所难免,敬请读者和同行指正。

编者

2020 年 3 月

目　　录

第一章 函数、极限与连续

微积分是数学中的重要分支,是高等数学的核心,微积分的研究对象是函数,极限是高等数学的一个重要概念,是微积分的灵魂.因此,本章将在复习和加深函数有关知识的基础上,着重讨论函数极限的基本概念、方法和函数的连续性等问题.

第一节 函数及其性质

一、函数的概念

1. 函数的定义

定义 1 设在某一变化过程中,有两个变量 x 和 y. D 是一个非空实数集,如果对属于 D 的每一个 x 值,按照某种对应关系 f,都有唯一确定的 y 值与之对应,则称 y 是定义在数集 D 上的 x 的**函数**.记作

$$y = f(x), x \in D$$

其中 x 称为**自变量**,数集 D 称为函数的**定义域**.在 D 中任取一数 x,与它对应的函数值的集合 M 称为函数的**值域**.

当 x 在定义域中取某一值 x_0 时,函数 y 具有确定的对应值 y_0,则称函数 y 在 x_0 处有定义.并称 y_0 为 $y = f(x)$ 在 x_0 处的函数值,记为

$$y_0 = y \big|_{x = x_0} = f(x_0)$$

记值域 $M = \{y \mid y = f(x), x \in D\}$.

若函数在某一区间上的每一点都有定义,则称函数在该区间上有定义.

例 1 若 $f(x) = \dfrac{|x-2|}{x+1}$,求 $f(2), f(-2), f(0), f(a)(a \neq -1), f(x+1)$.

解 $f(2) = 0, f(-2) = -4, f(0) = 2, f(a) = \dfrac{|a-2|}{a+1}(a \neq -1), f(x+1) = \dfrac{|x+1-2|}{x+1+1} = \dfrac{|x-1|}{x+2}$.

由函数定义知,定义域和对应关系是构成函数的两个要素,而函数的值域由定义域和对应关系来确定.因此,两个函数只有当它们的定义域和对应关系完全相同时,这两个函数才认为是相同的.

例 2 下列函数是否表示同一函数?

$(1) y = \sqrt{x^2}$ 与 $y = x$;

$(2) y = \sqrt{u}$ 与 $y = \sqrt{x}$;

$(3) y = \sin^2 x + \cos^2 x$ 与 $y = 1$;

$(4) y = \dfrac{x^2-1}{x-1}$ 与 $y = x+1$.

解 $(1) y = \sqrt{x^2} = |x|$,与 $y = x$ 对应法则不同,所以它们不是同一函数.

（2）$y=\sqrt{u}$ 与 $y=\sqrt{x}$ 定义域和对应法则相同，只是自变量选取的字母表示不同，所以它们是同一函数．

（3）$y=\sin^2 x+\cos^2 x=1$，所以定义域和对应法则相同，是同一函数．

（4）$y=\dfrac{x^2-1}{x-1}=x+1\,(x\neq 1)$，与 $y=x+1$ 定义域不同，所以它们不是同一函数．

2．函数的定义域

定义域是构成函数的重要因素之一，确定函数的定义域应从以下两方面考虑：其一，在考虑实际问题时，应根据问题的实际意义来确定定义域．例如，匀速直线运动的位移 $s=vt$，t 是时间，故只能取非负实数；其二，对于用数学式子表示的函数，其定义域由函数表达式本身来确定，即使运算或表达式有意义．如：

（1）函数中有分式，要求分母不能为零；

（2）函数中有根式，要求负数不能开偶次方；

（3）函数中有对数式，要求真数必须大于零；

（4）函数中有三角和反三角函数式，要求符合它们的定义域；

（5）若函数式是上述各式的组合，则应取各部分定义域的交集．

例3 求下列函数的定义域．

（1）$y=\dfrac{1}{(x-1)(x-2)}$；　　（2）$y=\sqrt{x^2-2x-3}$；　　（3）$y=\dfrac{1}{4-x}+\lg(x+2)$.

解 （1）因为 $(x-1)(x-2)\neq 0$，所以 $x\neq 1$ 且 $x\neq 2$，故此函数定义域为 $(-\infty,1)\cup(1,2)\cup(2,+\infty)$.

（2）因为 $x^2-2x-3\geqslant 0$，所以 $x\leqslant -1$ 或 $x\geqslant 3$，故此函数定义域为 $(-\infty,-1]\cup[3,+\infty)$.

（3）因为 $4-x\neq 0$ 且 $x+2>0$，故此函数定义域为 $(-2,4)\cup(4,+\infty)$.

3．函数的表示法

常用的表示函数的方法有三种：

（1）表格法，如对数表、三角函数表等；

（2）图像法，用图像表示函数；

（3）公式法，如 $y=x^a$、$y=\sin x$ 等．

有时会遇到一个函数在自变量不同的取值范围内用不同的式子来表示．

例如：函数 $f(x)=\begin{cases}\sqrt{x}, & x\geqslant 0 \\ -x, & x<0\end{cases}$ 是定义在区间 $(-\infty,+\infty)$ 内的一个函数．当 $x\geqslant 0$ 时，$f(x)=\sqrt{x}$；当 $x<0$ 时，$f(x)=-x$（图1—1）．像这样在定义域的不同取值范围内用不同的式子来表示的函数称为**分段函数**．

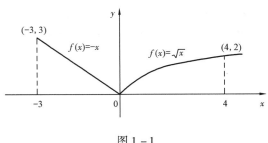

图 1—1

分段函数是一个函数，求分段函数的函数值时，应把自变量的值代入相应取值范围的表达式进行计算．例如，上述分段函数中 $f(4)=\sqrt{4}=2$；$f(-3)=-(-3)=3$.

二、反函数的概念

定义 2 设有函数 $y = f(x)$，其定义域为 D，值域为 M，则当变量 y 在 M 中每取一个值时，都可以从关系式 $y = f(x)$ 中确定唯一的 $x(x \in D)$ 与之对应，那么所确定的 x 为变量 y 的函数，记为 $x = f^{-1}(y)$. 称函数 $x = f^{-1}(y)$ 为函数 $y = f(x)$ 的反函数，它的定义域为 M，值域为 D.

习惯上，自变量用 x 表示，所以经常交换 x 与 y，将反函数表示成 $y = f^{-1}(x)$，而称 $x = f^{-1}(y)$ 为直接反函数.

函数 $y = f(x)$ 的图像与其反函数 $y = f^{-1}(x)$ 的图像关于直线 $y = x$ 对称.

例 4 求函数 $y = 2x + 3$ 的反函数，并写出它的定义域.

解 因为 $y = 2x + 3$，所以 $x = \dfrac{y-3}{2}$. 故所求反函数为 $y = \dfrac{x-3}{2}$，定义域为 R.

三、函数的性质

1. 奇偶性

如果函数 $f(x)$ 的定义域关于原点对称，如果对于定义域中的对任意 x，都有 $f(-x) = -f(x)$，则称 $f(x)$ 为**奇函数**；如果 $f(-x) = f(x)$，则称 $f(x)$ 为**偶函数**. 如果函数既非奇函数，也非偶函数，则称 $f(x)$ 为**非奇非偶函数**.

例如，函数 $y = \sin x$、$y = x^3$ 等都是奇函数；又如，函数 $y = \cos x$、$y = x^2$ 等都是偶函数；而函数 $y = \sin x + \cos x$ 是非奇非偶函数.

奇函数的图像关于原点对称，偶函数的图像关于 y 轴对称.

例 5 判断函数 $f(x) = x^2 \sin x$ 的奇偶性.

解 因为此函数的定义域为 R，且有 $f(-x) = (-x)^2 \sin(-x) = -x^2 \sin x = -f(x)$，所以，此函数是奇函数.

2. 单调性

如果函数 $y = f(x)$ 在区间 (a,b) 内随着 x 的增大而增大（或减小），即对于区间 (a,b) 内任意两点 x_1 及 x_2，当 $x_1 < x_2$ 时，有 $f(x_1) < f(x_2)$ [或 $f(x_1) > f(x_2)$]，则称函数 $f(x)$ 在区间 (a,b) 内单调增加（或单调减少）. 在定义域内单调增加或单调减少的函数统称为**单调函数**，其中 (a,b) 称为函数 $f(x)$ 的单调增加（或单调减少）区间，也称为**单调区间**.

单调增加（或单调减少）函数的图像是沿 x 轴的正向上升（或下降）的.

注：上述定义也适用于其他有限区间和无限区间的情形.

3. 周期性

在函数 $f(x)$ 的定义域内，如果有不为零的实数 l 存在，使得 $f(x+l) = f(x)$ 恒成立，则称函数 $f(x)$ 为**周期函数**，称 l 是 $f(x)$ 的周期，显然 $\pm l, \pm 2l, \pm 3l, \cdots, \pm nl$ 也是它的周期，周期函数的周期不唯一.

通常所说的函数的周期是指最小正周期.

一个以 l 为周期的函数，它的图像在定义域内每隔长度为 l 的相邻区间上，就有相同的形状.

例如，函数 $y = \cos x$ 以 2π 为周期，而 $y = A\sin(\omega x + \varphi)(\omega > 0)$ 以 $\dfrac{2\pi}{\omega}$ 为周期.

4. 有界性

设函数 $f(x)$ 在区间 I 上定义，如果存在一个正数 M，当 $x \in I$ 时，恒有

$$|f(x)| \le M$$

成立,则称 $f(x)$ 在区间 I 上有界;如果不存在这样的正数 M,称 $f(x)$ 在区间 I 上无界.

例如 $y = \sin x$ 在 $(-\infty, +\infty)$ 上有界,因为 $|\sin x| \le 1$.

又如 $y = \tan x$ 在 $\left(-\dfrac{\pi}{2}, \dfrac{\pi}{2}\right)$ 上无界,但在 $\left(-\dfrac{\pi}{3}, \dfrac{\pi}{3}\right)$ 上有界.

四、数学模型简述

1. 数学模型的含义

从广义上讲,一切数学概念、数学理论体系,各种数学公式、方程式、函数关系以及由公式系列构成的算法系统等都可以称为数学模型. 从狭义上讲,只有那些反映特定问题或特定的具体事物系统的数学关系的结构才称为数学模型. 在现代应用数学中,数学模型都作狭义解释. 具体来说,数学模型就是为了某种目的,用字母、数字及其他数学符号建立起来的等式或不等式以及图表、图像、框图等描述客观事物的特征及其内在联系的数学结构表达式. 而建立数学模型的目的,主要是为了解决具体的实际问题.

2. 数学模型的建立过程

把现实世界中的实际问题加以提炼,抽象为数学模型,求出模型的解,验证模型的合理性,并用该数学模型所提供的解来解释现实问题,数学知识的这一应用过程称为数学建模. 其基本步骤如下:

(1)**模型准备**:了解问题的实际背景,明确其实际意义,掌握对象的各种信息,用数学语言来描述问题.

(2)**模型假设**:根据实际对象的特征和建模的目的,对问题进行必要的简化,并用精确的语言提出一些恰当的假设.

(3)**模型建立**:在假设的基础上,利用适当的数学工具来刻画各变量之间的数学关系,建立相应的数学结构(尽量用简单的数学工具).

(4)**模型求解**:利用获取的数据资料,对模型的所有参数作出计算(估计).

(5)**模型分析**:对所得的结果进行数学上的分析.

(6)**模型检验**:将模型分析结果与实际情形进行比较,以此来验证模型的准确性、合理性和适用性. 如果模型与实际较吻合,则要对计算结果给出其实际含义,并进行解释. 如果模型与实际吻合较差,则应该修改假设,再次重复建模过程.

(7)**模型应用**:应用方式因问题的性质和建模的目的而异.

简而言之,建立数学模型就是建立函数关系式,其步骤可分为:

(1)分析问题中哪些是变量,哪些是常量,分别用字母表示;

(2)根据所给条件,运用数学、物理和其他知识,确定等量关系;

(3)具体写出解析式 $y = f(x)$,并指明定义域.

下面,从两个简单的实际问题入手,说明建立函数关系的过程.

例 6 用铁板做一容积为 V 的圆柱形储油罐,试将它的表面积表示为底半径的函数,并求定义域.

解 设储油罐的底半径为 r,表面积为 S,且其高为 h,根据体积公式和面积公式有

$$V = \pi r^2 h$$

$$S = 2\pi r^2 + 2\pi rh$$

由 $V = \pi r^2 h$,得 $h = \dfrac{V}{\pi r^2}$,代入 $S = 2\pi r^2 + 2\pi rh$,可得

$$S = 2\pi r^2 + \frac{2V}{r}$$

这就是储油罐的表面积 S 与底半径 r 的函数关系,其定义域为 $(0, +\infty)$.

例7 某运输公司规定货物的吨千米运价为:在 a km 以内,每吨千米为 k 元;超过 a km 时,超过部分为每吨千米 $\dfrac{4}{5}k$ 元,求运价 m 和里程 s 之间的函数关系.

解 根据题意可列出函数关系如下:

$$m = \begin{cases} ks, & 0 < s \leqslant a \\ ka + \dfrac{4}{5}k(s-a), & s > a \end{cases}$$

从上面的两个例子可以看出,建立数学模型(函数关系)时,首先要弄清题意,分析问题中哪些是变量,哪些是常量;其次,分清变量中哪个应作为自变量,哪个作为函数,并用习惯上用的字母区分它们;然后,把变量暂时固定,利用几何关系、物理定律或其他知识,列出变量间的等量关系式,并进行化简,便能得到所需要的函数关系.找出函数关系式后,一般还要根据题意写出函数的定义域.

习题 1-1

1. 求下列各函数的定义域.

(1) $y = \sqrt{x+2}$;

(2) $y = \dfrac{1}{(x+1)(x-3)}$;

(3) $y = \dfrac{1}{1-x^2} + \sqrt{x+2}$;

(4) $y = \ln(2^x - 1)$.

2. 已知 $f(x) = x(x-2)$ 求 $f(x+1)$,$f(x-2)$.

3. 下列函数是否相同? 为什么?

(1) $y = x$ 与 $y = (\sqrt{x})^2$;

(2) $y = \sin x$ 与 $y = \sqrt{1-\cos^2 x}$;

(3) $y = \ln x^2$ 与 $y = 2\ln x$;

(4) $y = 1$ 与 $y = \dfrac{x}{x}$.

4. 设 $f(x) = \begin{cases} 2\sqrt{x}, & 0 \leqslant x \leqslant 1 \\ 1 + 3x, & x > 1 \end{cases}$,求 $f\left(\dfrac{1}{2}\right)$,$f(1)$,$f(\pi)$.

5. 求函数 $y = 3x - 6$ 的反函数.

6. 判定下列函数的奇偶性.

(1) $f(x) = x^4 - 3x^2$;

(2) $f(x) = x - x^3$;

(3) $f(x) = x^2 \cos x$;

(4) $f(x) = \dfrac{a^x + a^{-x}}{a^x - a^{-x}}$;

(5) $f(x) = x \arccos x$;

(6) $f(x) = \lg(x + \sqrt{x^2 + 1})$.

第二节 初 等 函 数

一、基本初等函数

下列六种函数统称为基本初等函数:

(1)常数函数:$y = C$(C 为常数);

(2)幂函数:$y = x^a$(a 为常数);

(3)指数函数:$y = a^x$($a > 0, a \neq 1, a$ 为常数);

(4)对数函数:$y = \log_a x$($a > 0, a \neq 1, a$ 为常数,特别地,当 $a = e$ 时,$y = \ln x$);

(5)三角函数:$y = \sin x, y = \cos x, y = \tan x, y = \cot x, y = \sec x, y = \csc x$;

(6)反三角函数:$y = \arcsin x, y = \arccos x, y = \arctan x, y = \operatorname{arccot} x$.

常用的基本初等函数的图像和性质见表 1-1.

表 1-1

函　　数	定义域与值域	图　　像	特　　性
$y = x$	$x \in (-\infty, +\infty)$ $y \in (-\infty, +\infty)$		奇函数 单调增加
$y = x^2$	$x \in (-\infty, +\infty)$ $y \in (0, +\infty)$		偶函数 在 $(-\infty, 0)$ 内单调减少 在 $[0, +\infty)$ 内单调增加
$y = x^3$	$x \in (-\infty, +\infty)$ $y \in (-\infty, +\infty)$		奇函数单调增加
$y = \dfrac{1}{x}$	$x \in (-\infty, 0) \cup (0, +\infty)$ $y \in (-\infty, 0) \cup (0, +\infty)$		奇函数在 $(-\infty, 0)$ 内单调减少 在 $(0, +\infty)$ 内单调减少

函　　数	定义域与值域	图　　像	特　　性
$y = x^{\frac{1}{2}}$	$x \in [0, +\infty)$ $y \in [0, +\infty)$		单调增加
$y = a^x (a > 1)$	$x \in (-\infty, +\infty)$ $y \in (0, +\infty)$		单调增加
$y = a^x$ $(0 < a < 1)$	$x \in (-\infty, +\infty)$ $y \in (0, +\infty)$		单调减少
$y = \log_a x$ $(a > 1)$	$x \in (0, +\infty)$ $y \in (-\infty, +\infty)$		单调增加
$y = \log_a x$ $(0 < a < 1)$	$x \in (0, +\infty)$ $y \in (-\infty, +\infty)$		单调减少
$y = \sin x$	$x \in (-\infty, +\infty)$ $y \in [-1, 1]$		奇函数 周期为 2π 有界

函　　数	定义域与值域	图　　像	特　　性
$y=\cos x$	$x\in(-\infty,+\infty)$ $y\in[-1,1]$		偶函数 周期为 2π 有界
$y=\tan x$	$x\neq k\pi+\dfrac{\pi}{2}(k\in Z)$ $y\in(-\infty,+\infty)$		奇函数 周期为 π
$y=\cot x$	$x\neq k\pi(k\in Z)$ $y\in(-\infty,+\infty)$		奇函数 周期为 π
$y=\arcsin x$	$x\in[-1,1]$ $y\in\left[-\dfrac{\pi}{2},\dfrac{\pi}{2}\right]$		奇函数 单调增加有界
$y=\arccos x$	$x\in[-1,1]$ $y\in[0,\pi]$		单调减少有界
$y=\arctan x$	$x\in(-\infty,+\infty)$ $y\in\left(-\dfrac{\pi}{2},\dfrac{\pi}{2}\right)$		奇函数 单调增加有界
$y=\text{arccot}x$	$x\in(-\infty,+\infty)$ $y\in(0,\pi)$		单调减少有界

二、复合函数

定义 1   如果函数 $y = f(u)$ 及 $u = \varphi(x)$，若 $\varphi(x)$ 的值全部或部分落在 $f(u)$ 的定义域中时，则 y 通过变量 u 成为 x 的函数，这个函数称为由函数 $y = f(u)$ 与函数 $u = \varphi(x)$ 构成的**复合函数**，记为

$$y = f[\varphi(x)]$$

其中变量 u 称为**中间变量**.

应当注意，函数 $u = \varphi(x)$ 的值域与函数 $y = f(u)$ 的定义域交集非空时，$y = f(u)$ 与 $u = \varphi(x)$ 可构成复合函数.

例如，$y = \arcsin u$，$u = x^2 + 2$ 不能复合成一个函数 $y = \arcsin(x^2 + 2)$，因为 u 的值域是 $[2, +\infty)$ 与 $y = \arcsin u$ 的定义域 $[-1, 1]$ 交集是空集.

下面举例分析复合函数的复合过程. 正确熟练地掌握这个方法，有利于今后微积分的学习.

例 1   指出下列复合函数的复合过程.

$(1)\, y = \sqrt{1 - x^2}$； $(2)\, y = \sin^2 x$；

$(3)\, y = \arcsin(\ln x)$； $(4)\, y = 2\cos\sqrt{1 - x^2}$.

解 (1) 函数 $y = \sqrt{1 - x^2}$ 是由函数 $y = \sqrt{u}$ 和 $u = 1 - x^2$ 复合而成的.

(2) 函数 $y = \sin^2 x$ 是由函数 $y = u^2$ 和 $u = \sin x$ 复合而成的.

(3) 函数 $y = \arcsin(\ln x)$ 是由函数 $y = \arcsin u$ 和 $u = \ln x$ 复合而成的.

(4) 函数 $y = 2\cos\sqrt{1 - x^2}$ 是由函数 $y = 2\cos u$、$u = \sqrt{v}$ 和 $v = 1 - x^2$ 复合而成的.

注意：有时，一个复合函数可能由两个以上的函数复合而成，如例 1 中的 (4).

例 2   已知 $f(x) = x^3$，$g(x) = 2^x$，求 $f[g(x)]$，$g[f(x)]$.

解 $f[g(x)] = (2^x)^3 = 2^{3x}$；$g[f(x)] = 2^{x^3}$.

例 3   已知 $f(x + 2) = x^2 + 4x + 6$，求 $f(x)$.

解   令 $x + 2 = t$，则 $x = t - 2$. 于是 $f(t) = (t - 2)^2 + 4(t - 2) + 6 = t^2 + 2$，即 $f(x) = x^2 + 2$.

三、初等函数

定义 2   由基本初等函数经过有限次四则运算或有限次函数的复合而构成的，并能用一个解析式表示的函数称为**初等函数**.

例如，$y = \lg\sin x$、$y = \sqrt{1 + x^2}$、$y = \arcsin\dfrac{1}{x}$、$y = \dfrac{\cos x}{1 + x^2}$ 等都是初等函数.

分段函数若可以表示成一个式子，则为初等函数，否则不是.

例如，$y = \begin{cases} x, & x > 0 \\ 0, & x = 0 \\ -x, & x < 0 \end{cases}$ 可写成 $y = \sqrt{x^2}$，所以该函数是初等函数.

又如，$y = \begin{cases} x - 1, & x \leq 0 \\ x + 1, & x > 0 \end{cases}$ 不能用一个式子表示，所以不是初等函数.

习题 1-2

1. 指出下列复合函数的复合过程.

(1) $y = \cos 3x$； (2) $y = e^{-x}$； (3) $y = \sin^3 x$；

(4) $y = e^{\cos 2x}$； (5) $y = \ln\sin\sqrt{1-x^2}$； (6) $y = \sqrt{1+x^2+x^3}$.

2. 已知函数 $f(x+1) = \dfrac{1}{x^2}$，求 $f(x), f(0), f(-1), f\left(\dfrac{1}{x}\right)$.

3. 设 $f(x) = \dfrac{1}{1-x}$，求 $f[f(x)], f\{f[f(x)]\}$.

4. 设 $f(\sin x) = \cos 2x + 1$，求 $f(x)$.

第三节 极限的概念及性质

极限是研究自变量在某一变化过程中函数的变化趋势，是高等数学中最重要的概念之一，是微积分的基础，如导数、定积分等重要概念，均是通过极限来定义的. 本节将介绍极限概念、左右极限以及极限的运算.

一、数列的极限

由于数列是定义在自然数集上的函数，也称为整标函数，记为 $u_n = f(n), n = 1, 2, \cdots$，因此，在研究函数的极限之前，先研究它的特殊情况——数列的极限. 请看下面数列：

(1) 数列 $\left\{\dfrac{n+1}{n}\right\}$：$2, \dfrac{3}{2}, \dfrac{4}{3}, \cdots, \dfrac{n+1}{n}, \cdots \to 1$；

(2) 数列 $\left\{-\dfrac{1}{2^n}\right\}$：$-\dfrac{1}{2}, -\dfrac{1}{4}, -\dfrac{1}{8}, \cdots, -\dfrac{1}{2^n}, \cdots \to 0$；

(3) 数列 $\left\{\dfrac{n+(-1)^{n-1}}{n}\right\}$：$1, \dfrac{1}{2}, \dfrac{4}{3}, \cdots, \dfrac{n+(-1)^{n-1}}{n}, \cdots \to 1$.

当 n 无限增大时，数列(1)的点逐渐密集在 $x = 1$ 的右侧，即数列 $\left\{\dfrac{n+1}{n}\right\}$ 无限趋近于 1；数列(2)的点逐渐密集在 $x = 0$ 的左侧，即数列 $\left\{-\dfrac{1}{2^n}\right\}$ 无限趋近于 0；数列(3)的点逐渐密集在 $x = 1$ 的附近，即数列 $\left\{\dfrac{n+(-1)^{n-1}}{n}\right\}$ 无限趋近于 1.

归纳三个数列的变化趋势，可知，当 n 无限增大时，u_n 都分别无限接近一个确定的常数. 一般地，有如下定义：

定义 1 对于数列 $\{u_n\}$，当 n 无限增大时，u_n 的值无限趋近于一个确定的常数 A，那么 A 就称为数列 $\{u_n\}$ 当 $n \to \infty$ 时的**极限**，记作

$$\lim_{n\to\infty} u_n = A \text{ 或 } n \to \infty \text{ 时}, u_n \to A$$

此时，称数列 u_n **收敛**.

从上面的举例可知，数列（1）的极限是 1，记作 $\lim\limits_{n\to\infty}\dfrac{n+1}{n}=1$；数列（2）的极限是 0，记作 $\lim\limits_{n\to\infty}(-\dfrac{1}{2^n})=0$；数列（3）的极限为 1，记作 $\lim\limits_{n\to\infty}\dfrac{n+(-1)^{n-1}}{n}=1$.

应当注意，并不是任何数列都有极限，有些数列就没有极限，或说极限不存在，此时称该数列**发散**. 例如，数列的通项为 $x_n=2^n$，当 n 无限增大时，它也无限增大，因此它不可能趋近于任何常数，所以数列 $\{x_n\}$ 极限不存在；又如，数列的通项为 $x_n=\dfrac{1+(-1)^n}{2}$，当 n 无限增大时，x_n 在 0 与 1 两个数上来回跳跃，它不能向任何一个常数无限趋近，所以此数列也无极限.

例 1 观察下列数列的变化趋势并写出它们的极限.

$(1)\, x_n=\dfrac{1}{n}$； $(2)\, x_n=2-\dfrac{1}{n^2}$；

$(3)\, x_n=\left(\dfrac{1}{2}\right)^n$； $(4)\, x_n=-3.$

解 列表 1-2 如下.

表 1-2

	$n=1$	$n=2$	$n=3$	$n=10$	$\cdots\to\infty$
$x_n=\dfrac{1}{n}$	1	$\dfrac{1}{2}$	$\dfrac{1}{3}$	$\dfrac{1}{10}$	$\cdots\to 0$
$x_n=2-\dfrac{1}{n^2}$	1	$2-\dfrac{1}{4}$	$2-\dfrac{1}{9}$	$2-\dfrac{1}{100}$	$\cdots\to 2$
$x_n=\left(\dfrac{1}{2}\right)^n$	$\dfrac{1}{2}$	$\dfrac{1}{4}$	$\dfrac{1}{8}$	$\dfrac{1}{1024}$	$\cdots\to 0$
$x_n=-3$	-3	-3	-3	-3	$\cdots\to -3$

根据变化趋势可知：

$(1)\,\lim\limits_{n\to\infty}x_n=0$；$(2)\,\lim\limits_{n\to\infty}x_n=2$；$(3)\,\lim\limits_{n\to\infty}x_n=0$；$(4)\,\lim\limits_{n\to\infty}x_n=-3$.

由上例可得以下结论：

$(1)\,\lim\limits_{n\to\infty}\dfrac{1}{n^a}=0\,(a>0)$；$(2)\,\lim\limits_{n\to\infty}q^n=0\,(|q|<1)$；$(3)\,\lim\limits_{n\to\infty}c=c\,(c\text{ 为常数})$.

数列极限的重要性质：

（1）如果一个数列有极限，则此极限是唯一的；

（2）数列有无极限、极限是何值与该数列的任意有限项无关，与通项有关；

（3）有极限的数列一定有界，有界数列不一定有极限，无界数列一定无极限；单调有界数列必有极限.

二、函数的极限

前面讨论了整标函数 $u_n=f(n)$ 在 $n\to\infty$ 时的极限，现在讨论一般函数 $y=f(x)$ 在自变量 x

的某个变化过程中有什么样的变化趋势,即函数的极限问题.自变量的变化趋势分为以下两种情况:

(1)$x\to\infty$,即自变量 x 的绝对值无限增大.如果 x 从某一时刻起只取正值且无限增大,记作 $x\to+\infty$;如果 x 从某一时刻起只取负值而其绝对值无限增大,则记作 $x\to-\infty$.

(2)$x\to x_0$,即自变量 x 无限趋近于定值 x_0,但不等于 x_0.如果 x 只取比 x_0 大的值且趋向于 x_0,记作 $x\to x_0^+$;如果 x 只取比 x_0 小的值且趋向于 x_0,记作 $x\to x_0^-$.

1.当 $x\to+\infty$ 时函数 $f(x)$ 的极限

先考察当 $x\to+\infty$ 时函数 $f(x)=\left(\dfrac{1}{2}\right)^x$ 的变化趋势(图 1-2).

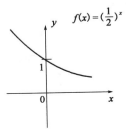

由图 1-2 可以看出,当 x 取正值且无限增大即 $x\to+\infty$ 时,函数 $f(x)=\left(\dfrac{1}{2}\right)^x$ 的值无限趋近于常数 0.

于是当 $x\to+\infty$ 时,函数极限的描述性定义如下:

定义 2　如果当 $x\to+\infty$(即 x 取正值无限增大时),函数 $f(x)$ 无限趋近于一个确定的常数 A,那么称 A 为函数 $f(x)$ 当 $x\to+\infty$ 时的**极限**,记作 $\lim\limits_{x\to+\infty}f(x)=A$,简记 $x\to+\infty$, $f(x)\to A$.

图 1-2

由上述定义知:$\lim\limits_{x\to+\infty}\left(\dfrac{1}{2}\right)^x=0$.

2.当 $x\to-\infty$ 时函数 $f(x)$ 的极限

定义 3　如果当 $x\to-\infty$(从某一时刻起 x 只取负值而其绝对值无限增大)时,函数 $f(x)$ 无限趋近于一个确定常数 A,则称 A 为 $f(x)$ 当 $x\to-\infty$ 时的极限,记作 $\lim\limits_{x\to-\infty}f(x)=A$ 或 $x\to-\infty$, $f(x)\to A$.

例如　如图 1-3 所示,$y=\mathrm{e}^x$,当 $x\to-\infty$ 时,e^x 无限趋近于 0,即 $\lim\limits_{x\to-\infty}\mathrm{e}^x=0$

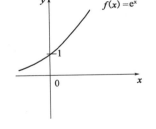

图 1-3

3.当 $x\to\infty$ 时函数 $f(x)$ 的极限

定义 4　如果当 x 的绝对值无限增大(即 $x\to\infty$)时,函数 $f(x)$ 无限趋近于一个确定的常数 A,那么称 A 为函数 $f(x)$ 当 $x\to\infty$ 时的极限,记作

$$\lim_{x\to\infty}f(x)=A,\text{简记 } x\to\infty , f(x)\to A$$

如图 1-4 所示,由定义可知 $\lim\limits_{x\to\infty}\dfrac{1}{x}=0$.

而由于当 $x\to+\infty$ 和 $x\to-\infty$ 时,函数 $y=\arctan x$ 不是无限趋近于同一个确定的常数,如图 1-5,所以 $\lim\limits_{x\to\infty}\arctan x$ 不存在.同样的 $\lim\limits_{x\to\infty}\mathrm{e}^x$ 不存在.

由定义可以看出,在函数 $f(x)$ 的 $x\to\infty$ **时,极限存在的充分必要条件是** $\lim\limits_{x\to+\infty}f(x)$ 和 $\lim\limits_{x\to-\infty}f(x)$ **都存在且相等**,即

$$\lim_{x\to\infty}f(x)=A\Leftrightarrow\lim_{x\to+\infty}f(x)=\lim_{x\to-\infty}f(x)=A$$

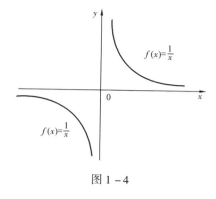

图 1-4

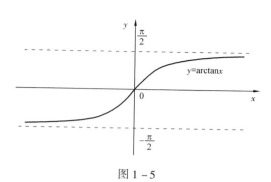

图 1-5

例 2 求 $\lim\limits_{x \to +\infty} e^{-x}$

解 $\lim\limits_{x \to +\infty} e^{-x} = \lim\limits_{x \to +\infty} \left(\dfrac{1}{e}\right)^x = 0.$

4. 当 $x \to x_0$ 时函数 $f(x)$ 的极限

先看下面例子.

考察 $x \to 2$ 时,函数 $f(x) = x + 2$ 的变化趋势(图 1-6).

当 x 从左侧无限趋近于 2 时,若 x 取 $1.99, 1.999, 1.9999, \cdots$,趋近于 2 时,对应的函数 $f(x)$ 从 $3.99, 3.999, 3.9999, \cdots$,无限趋近于 4.

当 x 从右侧无限趋近于 2 时,若 x 取 $2.1, 2.01, 2.001, \cdots$ 趋近于 2 时,对应的函数 $f(x)$ 从 $4.1, 4.01, 4.001, \cdots$,无限趋近于 4.

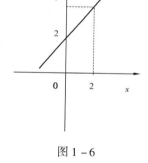

图 1-6

由此可知,当 $x \to 2$ 时,函数 $f(x) = x + 2$ 的值无限趋近于 4.

对于上述函数 $f(x)$ 随 x 的变化趋势,有如下定义:

定义 5 对于函数 $f(x)$,如果当 x 无限趋近于 x_0 时,函数 $f(x)$ 无限趋近于一个确定的常数 A,那么 A 就称为当 $x \to x_0$ 时函数 $f(x)$ 的**极限**,记作

$$\lim\limits_{x \to x_0} f(x) = A \text{ 或 当 } x \to x_0 \text{ 时}, f(x) \to A$$

由定义可知,研究函数的极限只考虑 x 无限近趋于 x_0 时 $f(x)$ 的变化趋势,而与 $f(x)$ 在 x_0 是否有定义无关.

上例可由定义表示为 $\lim\limits_{x \to 2} f(x) = \lim\limits_{x \to 2} (x + 2) = 4.$

例 3 写出下列函数的极限.

(1) $\lim\limits_{x \to \frac{1}{2}} (2x + 1)$;

(2) $\lim\limits_{x \to 0} \sin x$;

(3) $\lim\limits_{x \to 0} \cos x$;

(4) $\lim\limits_{x \to x_0} c (c \text{ 为常数})$.

解 (1) $\lim\limits_{x \to \frac{1}{2}} (2x + 1) = 2$;(2) $\lim\limits_{x \to 0} \sin x = 0$;(3) $\lim\limits_{x \to 0} \cos x = 1$;(4) $\lim\limits_{x \to x_0} c = c.$

5. 左极限与右极限

上述讨论的当 $x \to x_0$ 时函数的极限中,x 既可从 x_0 的左侧无限趋近于 x_0(记为 $x \to x_0^-$),也可从 x_0 的右侧无限趋近于 x_0(记为 $x \to x_0^+$).当 x 从单侧无限趋近于 x_0 时有如下定义:

定义 6 当自变量 $x \to x_0^-$ 时，函数 $f(x)$ 无限趋近于一个确定的常数 A，那么 A 就称为函数 $f(x)$ 当 $x \to x_0$ 时的**左极限**，记为

$$\lim_{x \to x_0^-} f(x) = A$$

当自变量 $x \to x_0^+$ 时，函数 $f(x)$ 无限趋近于一个确定的常数 A，那么 A 就称为函数 $f(x)$ 当 $x \to x_0$ 时的**右极限**，记为

$$\lim_{x \to x_0^+} f(x) = A$$

由图 1-6 看出，函数 $f(x) = x + 2$ 当 $x \to 2$ 时的左极限 $\lim_{x \to 2^-} f(x) = \lim_{x \to 2^-} (x + 2) = 4$，右极限 $\lim_{x \to 2^+} f(x) = \lim_{x \to 2^+} (x + 2) = 4$，且 $\lim_{x \to 2^-} f(x) = \lim_{x \to 2^+} f(x)$，都等于函数 $f(x) = x + 2$ 当 $x \to 2$ 时的极限.

由左右极限定义易得，**函数 $f(x)$ 当 $x \to x_0$ 时，极限存在的充分必要条件是它的左极限和右极限都存在并且相等**，即

$$\lim_{x \to x_0} f(x) = A \Leftrightarrow \lim_{x \to x_0^+} f(x) = \lim_{x \to x_0^-} f(x) = A$$

例 4 讨论当 $x \to -1$ 时，函数 $y = \dfrac{x^2 - 1}{x + 1}$ 的极限.

解 函数的定义域为 $(-\infty, -1) \cup (-1, +\infty)$；因为 $x \neq -1$，所以 $y = \dfrac{x^2 - 1}{x + 1} = x - 1$ (图 1-7). 由图可知 $\lim_{x \to -1} \dfrac{x^2 - 1}{x + 1} = -2$，这时必有左、右极限存在且相等.

例 5 讨论当 $x \to 0$ 时，函数 $f(x) = \begin{cases} x - 1, & x < 0 \\ 0, & x = 0 \\ x + 1, & x > 0 \end{cases}$ 的极限.

解 作此分段函数的图像，由图可知函数 $f(x)$ 当 $x \to 0$ 时右极限为 $\lim_{x \to 0^+} f(x) = \lim_{x \to 0^+} (x + 1) = 1$，左极限为 $\lim_{x \to 0^-} f(x) = \lim_{x \to 0^-} (x - 1) = -1$，因为当 $x \to 0$ 时函数 $f(x)$ 的左、右极限虽存在但不相等，所以 $\lim_{x \to 0} f(x)$ 不存在 (图 1-8).

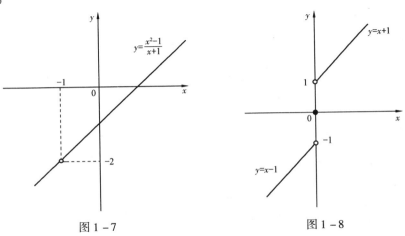

图 1-7　　　　　　　　　　　　图 1-8

三、无穷小与无穷大

1. 无穷小的定义

在实际问题中,常会遇到以零为极限的变量. 例如单摆在空气中的摆动,由于空气阻力和机械摩擦力的作用,它的振幅随时间的增加而逐渐减小并趋于零;又如电容器放电,其电压随时间的增加而逐渐减小并趋近于零. 对于这种变量,有如下定义:

定义 7 如果当 $x \to x_0$(或 $x \to \infty$)时,函数 $f(x)$ 的极限为零,则称函数 $f(x)$ 为当 $x \to x_0$(或 $x \to \infty$)时的**无穷小**,即以零为极限的量称为**无穷小量**.

例如,因为 $\lim\limits_{x \to 1}(x^2 - 1) = 0$,所以函数 $f(x) = x^2 - 1$ 是当 $x \to 1$ 时的无穷小.

又如,因为 $\lim\limits_{x \to \infty}\dfrac{1}{x^2} = 0$,所以函数 $f(x) = \dfrac{1}{x^2}$ 是当 $x \to \infty$ 时的无穷小.

注意:

(1)说一个函数 $f(x)$ 是无穷小,必须指明自变量 x 的变化趋势. 如函数 $f(x) = x - 1$ 是当 $x \to 1$ 时的无穷小,而当 x 趋于其他数值时,函数 $f(x) = x - 1$ 不是无穷小;

(2)无穷小是一个绝对值可以任意小的变量,且极限为零. 绝不能将其与绝对值很小的常量混淆. 因为,绝对值很小的不为零的常量,其极限为其本身而不是为零;

(3)常数中只有"0"可以看作无穷小.

2. 无穷小的性质

性质 1 有限个无穷小的代数和仍为无穷小.

性质 2 有界函数与无穷小的乘积为无穷小.

性质 3 常数与无穷小的乘积仍为无穷小.

性质 4 有限个无穷小的乘积仍为无穷小.

定理 函数 $f(x)$ 以 A 为极限的充分必要条件是 $f(x)$ 等于 A 与一个无穷小量之和,即

$$\lim_{x \to x_0}f(x) = A \Leftrightarrow f(x) = A + \alpha(x), \left[\text{其中}\lim_{x \to x_0}\alpha(x) = 0\right]$$

此结论对其他极限过程也成立.

例 6 求 $\lim\limits_{x \to 0}x\sin\dfrac{1}{x}$.

解 当 $x \to 0$ 时,x 为无穷小,$\sin\dfrac{1}{x}$ 是有界函数 $\left(\left|\sin\dfrac{1}{x}\right| \leq 1\right)$,根据性质 2 可得 $\lim\limits_{x \to 0}x\sin\dfrac{1}{x} = 0$.

例 7 求 $\lim\limits_{x \to \infty}\left(\dfrac{2}{x} + \dfrac{1}{x^2}\right)$.

解 因为当 $x \to \infty$ 时,$\dfrac{2}{x}$ 和 $\dfrac{1}{x^2}$ 均为无穷小,所以由性质 1 可得 $\lim\limits_{x \to \infty}\left(\dfrac{2}{x} + \dfrac{1}{x^2}\right) = 0$.

3. 无穷大的定义

定义 8 如果当 $x \to x_0$(或 $x \to \infty$)时,函数 $|f(x)|$ 无限增大,则称函数 $f(x)$ 为 $x \to x_0$(或 $x \to \infty$)时的**无穷大量**,简称无穷大.

按极限定义,如果函数 $f(x)$ 当 $x \to x_0$(或 $x \to \infty$)时为无穷大,那么它的极限是不存在的,但

是为了便于描述函数的这种变化趋势,也说"函数的极限是无穷大",并记为

$$\lim_{x \to x_0} f(x) = \infty$$

若在整个变化过程中,对应的函数值都是正的或都是负的,也可记为

$$\lim_{x \to x_0} f(x) = +\infty \quad \text{或} \quad \lim_{x \to x_0} f(x) = -\infty$$

例如,当 $x \to 1$ 时,$\left|\dfrac{1}{x-1}\right|$ 无限增大,所以 $\dfrac{1}{x-1}$ 是当 $x \to 1$ 时的无穷大,可记为 $\lim\limits_{x \to 1} \dfrac{1}{x-1} = \infty$.

又如,当 $x \to \left(\dfrac{\pi}{2}\right)^-$ 时,$\tan x$ 取正值且无限增大,所以 $\lim\limits_{x \to \left(\frac{\pi}{2}\right)^-} \tan x = +\infty$;当 $x \to \left(\dfrac{\pi}{2}\right)^+$ 时,$\tan x$ 取负值且其绝对值无限增大,所以 $\lim\limits_{x \to \left(\frac{\pi}{2}\right)^+} \tan x = -\infty$.

注意:

(1)说一个函数 $f(x)$ 是无穷大,必须指明自变量 x 的变化趋势,例如,函数 $f(x) = \dfrac{1}{x}$ 是当 $x \to 0$ 时的无穷大,而当 $x \to \infty$ 时,它是无穷小;

(2)切不可把绝对值很大的常数认为是无穷大,因为这个常数在 $x \to x_0$(或 $x \to \infty$)时的极限为常数本身,并不是无穷大.

4. 无穷小与无穷大的关系

一般地,无穷大与无穷小之间有如下倒数关系:

在自变量的同一变化过程中,如果 $f(x)$ 为无穷小,且 $f(x) \neq 0$,则 $\dfrac{1}{f(x)}$ 是无穷大;反之,如果 $f(x)$ 为无穷大,则 $\dfrac{1}{f(x)}$ 是无穷小.

例8 求极限 $\lim\limits_{x \to -1} \dfrac{1}{x^2 + 2x + 1}$.

解 因为 $x^2 + 2x + 1 \to 0 (x \to -1)$,所以当 $x \to -1$ 时 $x^2 + 2x + 1$ 为无穷小. 因此,$\dfrac{1}{x^2 + 2x + 1}$ 是 $x \to -1$ 时的无穷大,即 $\lim\limits_{x \to -1} \dfrac{1}{x^2 + 2x + 1} = \infty$.

例9 讨论以下函数在何种情况下是无穷小,并写出相同情况下的无穷大.

$$(1) f(x) = \frac{x-1}{x}; \qquad\qquad (2) f(x) = e^x.$$

解 (1)因为 $f(x) = \dfrac{x-1}{x}$ 是 $x \to 1$ 时的无穷小,所以 $\dfrac{x}{x-1}$ 是 $x \to 1$ 时的无穷大.

(2)因为 $f(x) = e^x$ 是 $x \to -\infty$ 时的无穷小,所以 $\dfrac{1}{e^x}$ 即 e^{-x} 是 $x \to -\infty$ 时的无穷大.

四、函数极限的性质

高等数学中,经常需要讨论数轴上某点附近的性质,为此引入邻域的概念:开区间 $(x_0 - \delta,$ $x_0 + \delta)$ 称为以 x_0 为中心,以 $\delta(\delta > 0)$ 为半径的邻域,简称为点 x_0 的 δ **邻域**,记为 $U(x_0, \delta)$. 把 x_0 的 δ 邻域的中心点 x_0 去掉,即得 x_0 点的**去心 δ 邻域**,记作 $\hat{U}(x_0, \delta)$.

对照数列极限的性质,不加证明地指出函数极限的几个基本性质:

（1）**唯一性**. 如果函数 $f(x)$ 的极限存在,则极限唯一;

（2）**有界性**. 如果 $\lim\limits_{x \to x_0} f(x) = A$,那么存在一个正数 M,使得函数 $f(x)$ 在点 x_0 的某一去心邻域 $\hat{U}(x_0,\delta)$ 内总有 $|f(x)| \leqslant M$,称函数 $f(x)$ 在该邻域内有界;

（3）**保号性**. 如果 $\lim\limits_{x \to x_0} f(x) = A$,且 $A > 0$（或 $A < 0$）,则在点 x_0 的某一去心邻域 $\hat{U}(x_0,\delta)$ 内总有 $f(x) > 0$［或 $f(x) < 0$］;

若在 x_0 的某一邻域 $U(x_0,\delta)$ 有 $f(x) \geqslant 0$［或 $f(x) \leqslant 0$］,且 $\lim\limits_{x \to x_0} f(x) = A$,则 $A \geqslant 0$（或 $A \leqslant 0$）;

（4）**夹逼性**. 设在 x_0 的某一邻域 $U(x_0,\delta)$ 内有

$$g(x) \leqslant f(x) \leqslant h(x),且 \lim_{x \to x_0} g(x) = \lim_{x \to x_0} h(x) = A$$

则 $\lim\limits_{x \to x_0} f(x)$ 存在,且 $\lim\limits_{x \to x_0} f(x) = A$.

本性质常用来求极限.

注意: $x \to \infty$ 的情形下上述性质也成立.

习题 1-3

1. 求下列极限值.

（1）$\lim\limits_{x \to +\infty} \left(\dfrac{1}{3} \right)^x$; （2）$\lim\limits_{x \to 1} \ln x$; （3）$\lim\limits_{x \to \infty} e^x$;

（4）$\lim\limits_{x \to \infty} \arctan x$; （5）$\lim\limits_{x \to \infty} \dfrac{10}{x^2}$; （6）$\lim\limits_{x \to \infty} \cos x$.

2. 设 $f(x) = \dfrac{x^2 - 4}{x - 2}$,求极限 $\lim\limits_{x \to 2} f(x)$.

3. 设函数 $f(x) = \begin{cases} x^2 + 1, & x < 0 \\ 0, & x = 0 \\ x - 1, & x > 0 \end{cases}$,求 $\lim\limits_{x \to 0^+} f(x)$, $\lim\limits_{x \to 0^-} f(x)$, $\lim\limits_{x \to 0} f(x)$, $\lim\limits_{x \to 1} f(x)$.

4. 讨论以下函数在何种情况下为无穷小? 何种情况下为无穷大?

（1）$y = x^2$; （2）$y = 2^x$; （3）$y = \ln x$; （4）$y = \arctan x$.

5. 利用无穷小的性质,求下列函数的极限.

（1）$\lim\limits_{x \to -\infty} \left(2^x + \dfrac{1}{x^2} \right)$; （2）$\lim\limits_{x \to \infty} \dfrac{\sin x + 2}{x}$; （3）$\lim\limits_{x \to 0} \left(\sin x \cdot \sin \dfrac{1}{x} \right)$.

第四节　极限的运算

本节将解决如何求较复杂的极限问题,介绍极限的四则运算法则、两个重要极限以及无穷小的比较.

一、极限的四则运算

关于极限的运算问题,下面不加证明地给出如下结论:

设 $\lim\limits_{x \to x_0} f(x) = A$, $\lim\limits_{x \to x_0} g(x) = B$, 则

$(1) \lim\limits_{x \to x_0} [f(x) \pm g(x)] = \lim\limits_{x \to x_0} f(x) \pm \lim\limits_{x \to x_0} g(x) = A \pm B$；

$(2) \lim\limits_{x \to x_0} [f(x)g(x)] = \lim\limits_{x \to x_0} f(x) \cdot \lim\limits_{x \to x_0} g(x) = AB$,

特别有：$\lim\limits_{x \to x_0} cf(x) = c \lim\limits_{x \to x_0} f(x) = cA$（$c$ 为常数）；

$(3) \lim\limits_{x \to x_0} \dfrac{f(x)}{g(x)} = \dfrac{\lim\limits_{x \to x_0} f(x)}{\lim\limits_{x \to x_0} g(x)} = \dfrac{A}{B}$, $[\lim\limits_{x \to x_0} g(x) = B \neq 0]$；

$(4) \lim\limits_{x \to x_0} [f(x)]^n = [\lim\limits_{x \to x_0} f(x)]^n = A^n$.

上述法则也适用于 $x \to \infty$ 时的情形以及数列的极限. 当然上述法则还可以推广到有限个具有极限的函数的情形.

例1 求 $(1) \lim\limits_{n \to \infty} \left(-1 - \dfrac{1}{n} + \dfrac{3}{n^2}\right)$；$(2) \lim\limits_{x \to 1}(x^2 + 2x + 1)$；$(3) \lim\limits_{x \to 2} \dfrac{x^2 - 1}{x^3 + x - 2}$.

解 $(1) \lim\limits_{n \to \infty} \left(-1 - \dfrac{1}{n} + \dfrac{3}{n^2}\right) = \lim\limits_{n \to \infty}(-1) - \lim\limits_{n \to \infty}\dfrac{1}{n} + \lim\limits_{n \to \infty}\dfrac{3}{n^2} = -1 - 0 + 0 = -1$.

$(2) \lim\limits_{x \to 1}(x^2 + 2x + 1) = \lim\limits_{x \to 1}x^2 + \lim\limits_{x \to 1}2x + \lim\limits_{x \to 1}1 = 1 + 2 + 1 = 4$.

一般有 $\lim\limits_{x \to x_0}(a_0 x^n + a_1 x^{n-1} + \cdots + a_n) = a_0 x_0^n + a_1 x_0^{n-1} + \cdots + a_n$.

(3) 因为 $\lim\limits_{x \to 2}(x^3 + x - 2) \neq 0$, 所以可以应用法则, 即

$$\lim\limits_{x \to 2} \frac{x^2 - 1}{x^3 + x - 2} = \frac{\lim\limits_{x \to 2}(x^2 - 1)}{\lim\limits_{x \to 2}(x^3 + x - 2)} = \frac{2^2 - 1}{2^3 + 2 - 2} = \frac{3}{8}$$

例2 求：$(1) \lim\limits_{n \to \infty} \dfrac{3n^2 - n + 1}{2 + n^2}$；$(2) \lim\limits_{x \to \infty} \dfrac{x^3 - 4x^2 + 2}{2x^3 + 5x^2 - 1}$；$(3) \lim\limits_{x \to \infty} \dfrac{2x^2 - 2x - 1}{2x^3 - x^2 + 1}$.

解 (1) 因为当 $n \to \infty$ 时, 分子、分母都无限增大, 所以不能直接应用商的极限运算法则. 先用 n^2 同除分子、分母, 使分母极限存在且不为零, 然后利用极限运算法则求极限, 得

$$\lim\limits_{n \to \infty} \frac{3n^2 - n + 1}{2 + n^2} = \lim\limits_{n \to \infty} \frac{3 - \dfrac{1}{n} + \dfrac{1}{n^2}}{\dfrac{2}{n^2} + 1} = \frac{\lim\limits_{n \to \infty}3 - \lim\limits_{n \to \infty}\dfrac{1}{n} + \lim\limits_{n \to \infty}\dfrac{1}{n^2}}{\lim\limits_{n \to \infty}\dfrac{2}{n^2} + \lim\limits_{n \to \infty}1} = \frac{3 - 0 + 0}{0 + 1} = 3$$

(2) 因为当 $x \to \infty$ 时, 分子、分母的绝对值都无限增大, 先用 x^3 同除分子、分母, 得

$$\lim\limits_{x \to \infty} \frac{x^3 - 4x^2 + 2}{2x^3 + 5x^2 - 1} = \lim\limits_{x \to \infty} \frac{1 - \dfrac{4}{x} + \dfrac{2}{x^3}}{2 + \dfrac{5}{x} - \dfrac{1}{x^3}} = \frac{\lim\limits_{x \to \infty}1 - \lim\limits_{x \to \infty}\dfrac{4}{x} + \lim\limits_{x \to \infty}\dfrac{2}{x^3}}{\lim\limits_{x \to \infty}2 + \lim\limits_{x \to \infty}\dfrac{5}{x} - \lim\limits_{x \to \infty}\dfrac{1}{x^3}} = \frac{1 - 0 + 0}{2 + 0 - 0} = \frac{1}{2}$$

$(3) \lim\limits_{x \to \infty} \dfrac{2x^2 - 2x - 1}{2x^3 - x^2 + 1} = \lim\limits_{x \to \infty} \dfrac{\dfrac{2}{x} - \dfrac{2}{x^2} - \dfrac{1}{x^3}}{2 - \dfrac{1}{x} + \dfrac{1}{x^3}} = \dfrac{\lim\limits_{x \to \infty}\dfrac{2}{x} - \lim\limits_{x \to \infty}\dfrac{2}{x^2} - \lim\limits_{x \to \infty}\dfrac{1}{x^3}}{\lim\limits_{x \to \infty}2 - \lim\limits_{x \to \infty}\dfrac{1}{x} + \lim\limits_{x \to \infty}\dfrac{1}{x^3}} = \dfrac{0}{2} = 0$

当 $a_0 \neq 0$, $b_0 \neq 0$ 时, 一般有

$$\lim_{x \to \infty} \frac{a_0 x^m + a_1 x^{m-1} + \cdots + a_m}{b_0 x^n + b_1 x^{n-1} + \cdots + b_n} = \begin{cases} \dfrac{a_0}{b_0}, & (m = n) \\[2mm] 0, & (m < n) \\[2mm] \infty, & (m > n) \end{cases}$$

例 3 求 $(1)\lim\limits_{x \to 3}\dfrac{x-3}{x^2-9}$；$(2)\lim\limits_{x \to 0}\dfrac{\sqrt{1+x}-1}{x}$；$(3)\lim\limits_{x \to -2}\left(\dfrac{1}{x+2}-\dfrac{12}{x^3+8}\right)$.

解 （1）当 $x \to 3$ 时，分母的极限为 0，不能直接应用运算法则．但在 $x \to 3$ 的过程中，由于 $x \neq 3$，即 $x-3 \neq 0$，而 $x-3$ 又是分子、分母的公因式，故可先约去分式中的不为零的公因式，所以有

$$\lim_{x \to 3}\frac{x-3}{x^2-9} = \lim_{x \to 3}\frac{1}{x+3} = \frac{1}{6}$$

（2）当 $x \to 0$ 时，分子、分母的极限都为零，也不能直接应用运算法则，可对分子有理化，再求极限，所以有

$$\lim_{x \to 0}\frac{\sqrt{1+x}-1}{x} = \lim_{x \to 0}\frac{(\sqrt{1+x}-1)(\sqrt{1+x}+1)}{x(\sqrt{1+x}+1)} = \lim_{x \to 0}\frac{1}{\sqrt{1+x}+1} = \frac{1}{2}$$

（3）因为当 $x \to -2$ 时，$\dfrac{1}{x+2}$ 和 $\dfrac{12}{x^3+8}$ 均趋向于 ∞，所以不能直接应用差的极限法则，但在 $x \to -2$ 时，有

$$\frac{1}{x+2}-\frac{12}{x^3+8} = \frac{(x^2-2x+4)-12}{(x+2)(x^2-2x+4)} = \frac{(x+2)(x-4)}{(x+2)(x^2-2x+4)} = \frac{x-4}{x^2-2x+4}$$

所以

$$\lim_{x \to -2}\left(\frac{1}{x+2}-\frac{12}{x^3+8}\right) = \lim_{x \to -2}\frac{x-4}{x^2-2x+4} = \frac{-2-4}{4+4+4} = -\frac{1}{2}$$

例 4 求 $\lim\limits_{n \to \infty}\dfrac{2^n-1}{4^n+1}$.

解 $\lim\limits_{n \to \infty}\dfrac{2^n-1}{4^n+1} = \lim\limits_{n \to \infty}\dfrac{\dfrac{2^n}{4^n}-\dfrac{1}{4^n}}{1+\dfrac{1}{4^n}} = \lim\limits_{n \to \infty}\dfrac{\dfrac{1}{2^n}-\dfrac{1}{4^n}}{1+\dfrac{1}{4^n}} = \dfrac{0}{1} = 0$.

例 5 求 $\lim\limits_{n \to \infty}\left(\dfrac{1}{n^2}+\dfrac{2}{n^2}+\cdots+\dfrac{n}{n^2}\right)$.

解 显然 $n \to \infty$ 时，$\dfrac{1}{n^2}$，$\dfrac{2}{n^2}$，$\cdots$，$\dfrac{n}{n^2}$ 各项极限都为 0，但却不是有限个项的和，不能使用运算法则而需将原式变形为

$$\frac{1}{n^2}+\frac{2}{n^2}+\cdots+\frac{n}{n^2} = \frac{1+2+\cdots+n}{n^2} = \frac{\dfrac{n}{2}(1+n)}{n^2} = \frac{1+n}{2n}$$

所以 $\lim\limits_{n \to \infty}\left(\dfrac{1}{n^2}+\dfrac{2}{n^2}+\cdots+\dfrac{n}{n^2}\right) = \lim\limits_{n \to \infty}\dfrac{1+n}{2n} = \dfrac{1}{2}$.

二、两个重要极限

1. $\lim\limits_{x\to 0}\dfrac{\sin x}{x}=1$

证明　取如图 1-9 所示的单位圆,设圆心角 $\angle AOB=x\left(0<x<\dfrac{\pi}{2}\right)$,作 $AC\perp OB$,过 A 作切

线与 OB 的延长线交于 D,于是 $\triangle AOB$ 的面积 < 扇形 AOB 的面积 < $\triangle AOD$ 的面积,即 $\dfrac{1}{2}\sin x<$

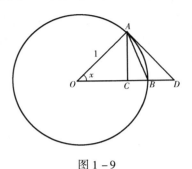

图 1-9

$\dfrac{1}{2}x<\dfrac{1}{2}\tan x$,则 $\sin x<x<\tan x$. 由于 $\sin x>0$,上式除以 $\sin x$,就有

$$1<\dfrac{x}{\sin x}<\dfrac{1}{\cos x}$$

所以

$$\cos x<\dfrac{\sin x}{x}<1$$

用 $-x$ 代 x 时,$\cos x$ 与 $\dfrac{\sin x}{x}$ 都不变号,所以当 $-\dfrac{\pi}{2}<x<0$

时上述结论也是成立的,因此,对 $x\in \hat U(0,\delta)$,都有 $\cos x<\dfrac{\sin x}{x}<1$.

因为 $\lim\limits_{x\to 0}\cos x=1$,所以由夹逼性质,得 $\lim\limits_{x\to 0}\dfrac{\sin x}{x}=1$.

例 6　求 $\lim\limits_{x\to 0}\dfrac{x}{\sin x}$.

解　$\lim\limits_{x\to 0}\dfrac{x}{\sin x}=\lim\limits_{x\to 0}\dfrac{1}{\dfrac{\sin x}{x}}=1$

例 7　求(1)$\lim\limits_{x\to 0}\dfrac{\sin 3x}{\sin 5x}$;　　　(2)$\lim\limits_{x\to 0}\dfrac{\tan 2x}{x}$;　　　(3)$\lim\limits_{\theta\to \frac{\pi}{2}}\dfrac{\cos\theta}{\dfrac{\pi}{2}-\theta}$.

解　(1)$\lim\limits_{x\to 0}\dfrac{\sin 3x}{\sin 5x}=\lim\limits_{x\to 0}\dfrac{\sin 3x}{3x}\cdot\dfrac{5x}{\sin 5x}\cdot\dfrac{3}{5}$

$$=\lim\limits_{x\to 0}\dfrac{\sin 3x}{3x}\lim\limits_{x\to 0}\dfrac{5x}{\sin 5x}\cdot\lim\limits_{x\to 0}\dfrac{3}{5}$$

$$=1\cdot 1\cdot\dfrac{3}{5}=\dfrac{3}{5}$$

(2)$\lim\limits_{x\to 0}\dfrac{\tan 2x}{x}=\lim\limits_{x\to 0}\left(\dfrac{\sin 2x}{2x}\cdot\dfrac{2x}{\cos 2x}\right)$

$$=\lim\limits_{x\to 0}\dfrac{\sin 2x}{2x}\cdot\lim\limits_{x\to 0}\dfrac{2}{\cos 2x}=2$$

(3)设 $t=\dfrac{\pi}{2}-\theta$,则 $\theta=\dfrac{\pi}{2}-t$;当 $\theta\to\dfrac{\pi}{2}$ 时,$t\to 0$,则

$$\lim\limits_{\theta\to\frac{\pi}{2}}\dfrac{\cos\theta}{\dfrac{\pi}{2}-\theta}=\lim\limits_{t\to 0}\dfrac{\cos\left(\dfrac{\pi}{2}-t\right)}{t}=\lim\limits_{t\to 0}\dfrac{\sin t}{t}=1$$

例 8 求 $\lim\limits_{x\to 0}\dfrac{1-\cos x}{x^2}$.

解 $\lim\limits_{x\to 0}\dfrac{1-\cos x}{x^2}=\lim\limits_{x\to 0}\dfrac{2\sin^2\frac{x}{2}}{x^2}=\lim\limits_{x\to 0}\dfrac{1}{2}\left(\dfrac{\sin\frac{x}{2}}{\frac{x}{2}}\right)^2=\dfrac{1}{2}$

2. $\lim\limits_{x\to\infty}\left(1+\dfrac{1}{x}\right)^x=\mathrm{e}$

这里的 e 是个无理数,它的值是 $\mathrm{e}=2.718281828459045\cdots$

先列表 $1-3$ 考察当 $x\to\infty$(包括 $x\to+\infty$ 和 $x\to-\infty$)时,函数 $\left(1+\dfrac{1}{x}\right)^x$ 的变化趋势.

表 $1-3$

x	10	100	1000	10000	100000	1000000	$\cdots\to+\infty$
$\left(1+\dfrac{1}{x}\right)^x$	2.59374	2.70481	2.71692	2.71815	2.71827	2.71828	$\cdots\to\mathrm{e}$
x	-10	-100	-1000	-10000	-100000	-1000000	$\cdots\to-\infty$
$\left(1+\dfrac{1}{x}\right)^x$	2.86797	2.73199	2.71964	2.71842	2.71830	2.71828	$\cdots\to\mathrm{e}$

从上表可以观察出,当 $x\to+\infty$ 或 $x\to-\infty$ 时,$\left(1+\dfrac{1}{x}\right)^x$ 的值都无限趋近于无理数 e,所以

$\lim\limits_{x\to\infty}\left(1+\dfrac{1}{x}\right)^x=\mathrm{e}$(证明略).

若设 $t=\dfrac{1}{x}$,则有该重要极限的另一种形式 $\lim\limits_{t\to 0}(1+t)^{\frac{1}{t}}=\mathrm{e}$.

上述重要极限应用时常用到如下的推广形式:

$(1)\ \lim\limits_{\phi(x)\to\infty}\left(1+\dfrac{1}{\phi(x)}\right)^{\phi(x)}=\mathrm{e}$; $\quad(2)\ \lim\limits_{\phi(x)\to 0}(1+\phi(x))^{\frac{1}{\phi(x)}}=\mathrm{e}$.

例 9 求 $(1)\ \lim\limits_{x\to\infty}\left(1-\dfrac{1}{x}\right)^x$; $\quad(2)\ \lim\limits_{x\to\infty}\left(1+\dfrac{1}{x}\right)^{2x}$.

解 $(1)\ \lim\limits_{x\to\infty}\left(1-\dfrac{1}{x}\right)^x=\lim\limits_{x\to\infty}\left[\left(1+\dfrac{1}{-x}\right)^{-x}\right]^{-1}=\lim\limits_{x\to\infty}\dfrac{1}{\left(1+\dfrac{1}{-x}\right)^{-x}}=\dfrac{1}{\mathrm{e}}$.

$(2)\ \lim\limits_{x\to\infty}\left(1+\dfrac{1}{x}\right)^{2x}=\lim\limits_{x\to\infty}\left[\left(1+\dfrac{1}{x}\right)^x\right]^2=\left(\lim\limits_{x\to\infty}\left(1+\dfrac{1}{x}\right)^x\right)^2=\mathrm{e}^2$

注:在应用重要极限 $\lim\limits_{x\to\infty}\left(1+\dfrac{1}{x}\right)^x=\mathrm{e}$ 时,常用到以下指数运算法则:

$$(a^m)^n=a^{mn},a^{m+n}=a^m a^n,a^{-m}=\dfrac{1}{a^m}$$

例 10 求 $\lim\limits_{x\to\frac{\pi}{2}}(1+\cot x)^{\tan x}$.

解 设 $t = \tan x$，当 $x \to \dfrac{\pi}{2}$ 时，$t \to \infty$. 所以 $\lim\limits_{x \to \frac{\pi}{2}} (1 + \cot x)^{\tan x} = \lim\limits_{t \to \infty} \left(1 + \dfrac{1}{t}\right)^{t} = \mathrm{e}.$

∗例 11 求 $\lim\limits_{x \to \infty} \left(\dfrac{2x-1}{2x+1}\right)^{x + \frac{3}{2}}.$

解
$$\lim_{x \to \infty} \left(\frac{2x-1}{2x+1}\right)^{x + \frac{3}{2}} = \lim_{x \to \infty} \left(\frac{1 - \dfrac{1}{2x}}{1 + \dfrac{1}{2x}}\right)^{x} \left(\frac{1 - \dfrac{1}{2x}}{1 + \dfrac{1}{2x}}\right)^{\frac{3}{2}}$$

$$= \frac{\lim\limits_{x \to \infty} \left(1 - \dfrac{1}{2x}\right)^{-2x \cdot \left(-\frac{1}{2}\right)}}{\lim\limits_{x \to \infty} \left(1 + \dfrac{1}{2x}\right)^{2x \cdot \frac{1}{2}}} \cdot \lim_{x \to \infty} \left(\frac{1 - \dfrac{1}{2x}}{1 + \dfrac{1}{2x}}\right)^{\frac{3}{2}} = \frac{\mathrm{e}^{-\frac{1}{2}}}{\mathrm{e}^{\frac{1}{2}}} \cdot 1 = \mathrm{e}^{-1}.$$

注：本例可用换元法求解.

三、无穷小的比较

定义 设 α 和 $\beta (\beta \neq 0)$ 是同一变化过程中的无穷小量：

（1）若 $\lim \dfrac{\alpha}{\beta} = 0$，则称 α 是 β 的高阶无穷小，记作 $\alpha = o(\beta)$；

（2）若 $\lim \dfrac{\alpha}{\beta} = \infty$，则称 α 是 β 的低阶无穷小；

（3）若 $\lim \dfrac{\alpha}{\beta} = c (c \neq 0$ 且为常数$)$，则称 α 与 β 是同阶的无穷小；

特别有若 $\lim \dfrac{\alpha}{\beta} = 1$，则称 α 与 β 是等价无穷小，记作 $\alpha \sim \beta$.

显然，根据以上定义，当 $x \to 0$ 时，x^2 是比 $2x$ 较高阶的无穷小；$2x$ 是比 x^2 较低阶的无穷小；$2x$ 与 x 是同阶的无穷小.

但需要注意的是，并非任意两个无穷小都可以比较，如 x 与 $x \sin \dfrac{1}{x}$，当 $x \to 0$ 时，就不可比

较，因为 $\lim\limits_{x \to 0} \dfrac{x \sin \dfrac{1}{x}}{x} = \lim\limits_{x \to 0} \sin \dfrac{1}{x}$ 不存在. 上述情形，一般不予讨论.

例 12 比较当 $x \to \infty$ 时，无穷小 $\dfrac{1}{x}$ 与 $\dfrac{1}{x^2}$ 的阶的高低.

解 $\lim\limits_{x \to \infty} \dfrac{\dfrac{1}{x}}{\dfrac{1}{x^2}} = \lim\limits_{x \to \infty} x = \infty$，所以，当 $x \to \infty$ 时，$\dfrac{1}{x}$ 是比 $\dfrac{1}{x^2}$ 低阶的无穷小；

反之，$\dfrac{1}{x^2}$ 是比 $\dfrac{1}{x}$ 高阶的无穷小.

例 13 比较当 $x \to 0$ 时，无穷小 $1 - \cos x$ 与 $\dfrac{x^2}{2}$ 的阶的高低.

解　因为 $\lim\limits_{x \to 0} \dfrac{1 - \cos x}{\dfrac{x^2}{2}} = \lim\limits_{x \to 0} \dfrac{2\sin^2 \dfrac{x}{2}}{\dfrac{x^2}{2}} = \lim\limits_{x \to 0} \left(\dfrac{\sin \dfrac{x}{2}}{\dfrac{x}{2}}\right)^2 = 1$，所以，当 $x \to 0$ 时，$1 - \cos x$ 与 $\dfrac{x^2}{2}$ 是等

价无穷小，即 $1 - \cos x \sim \dfrac{x^2}{2}$.

同阶与等价无穷小均具有反身性、对称性和传递性，二者相比，等价无穷小比同阶无穷小用得多，因此下面重点讨论等价无穷小.

定理　设 α、β、α'、β' 为同一变化过程中的无穷小量，且 $\alpha \sim \alpha'$，$\beta \sim \beta'$，$\lim \dfrac{\alpha'}{\beta'}$ 存在（或为 ∞），则 $\lim \dfrac{\alpha}{\beta}$ 也存在（或为 ∞），且 $\lim \dfrac{\alpha}{\beta} = \lim \dfrac{\alpha'}{\beta'}$.

证明　因为 $\alpha \sim \alpha'$，$\beta \sim \beta'$，所以 $\lim \dfrac{\alpha}{\alpha'} = 1$，$\lim \dfrac{\beta}{\beta'} = 1$，故有

$$\lim \frac{\alpha}{\beta} = \lim \left(\frac{\alpha}{\alpha'} \cdot \frac{\alpha'}{\beta'} \cdot \frac{\beta'}{\beta}\right) = \lim \frac{\alpha'}{\beta'}$$

本定理说明，在求极限时，若分子或分母有无穷小量的因子，可以用和它等价的无穷小代换. 这种等价无穷小代换常使极限的计算简化.

以下列出一些常用的等价无穷小，以便使用.

当 $x \to 0$ 时，有

$$\sin x \sim \tan x \sim e^x - 1 \sim \ln(1 + x) \sim \arcsin x \sim \arctan x \sim x$$

$$1 - \cos x \sim \frac{x^2}{2}, (1 + x)^\mu - 1 \sim \mu x (\mu \text{ 为实常数}, \mu \neq 0)$$

$$a^\mu - 1 \sim a^\mu \ln a$$

例 14　求 (1) $\lim\limits_{x \to 0} \dfrac{\sin ax}{\tan bx} (ab \neq 0)$；　(2) $\lim\limits_{x \to 0} \dfrac{\tan x - \sin x}{x^2 \sin x}$；　(3) $\lim\limits_{x \to 0} \dfrac{\ln(1 + x)}{2x}$.

解　(1) 因为 $x \to 0$ 时，$\sin ax \sim ax$，$\tan bx \sim bx$，所以有

$$\lim_{x \to 0} \frac{\sin ax}{\tan bx} = \lim_{x \to 0} \frac{ax}{bx} = \frac{a}{b}$$

(2) $\lim\limits_{x \to 0} \dfrac{\tan x - \sin x}{x^2 \sin x} = \lim\limits_{x \to 0} \dfrac{\tan x(1 - \cos x)}{x^2 \cdot x} = \lim\limits_{x \to 0} \dfrac{x \cdot \dfrac{1}{2} x^2}{x^2 \cdot x} = \dfrac{1}{2}$.

(3) 因为 $x \to 0$ 时，$\ln(1 + x) \sim x$，所以 $\lim\limits_{x \to 0} \dfrac{\ln(1 + x)}{2x} = \lim\limits_{x \to 0} \dfrac{x}{2x} = \dfrac{1}{2}$.

例 15　利用等价无穷小代换求极限 $\lim\limits_{x \to 0} \dfrac{\tan x - \sin x}{x^3}$.

分析　如果用 $\tan x \sim x(x \to 0)$，$\sin x \sim x(x \to 0)$ 进行等价无穷小代换，即得 $\lim\limits_{x \to 0} \dfrac{\tan x - \sin x}{x^3} =$

$\lim\limits_{x \to 0} \dfrac{x - x}{x^3} = 0$，这种做法是错误的. 这是因为等价无穷小代换只适用于乘、除，而不适用于加、减.

解 $\lim\limits_{x\to 0}\dfrac{\tan x-\sin x}{x^3}=\lim\limits_{x\to 0}\dfrac{\sin x(1-\cos x)}{x^3\cos x}=\lim\limits_{x\to 0}\dfrac{x\cdot\dfrac{x^2}{2}}{x^3\cos x}=\lim\limits_{x\to 0}\dfrac{1}{2\cos x}=\dfrac{1}{2}.$

注意:用等价无穷小代换求极限问题时,必须是两个无穷小量之比的形式或无穷小量作为极限式中的乘积因子,而且代换后的极限存在,才可以使用等价无穷小代换.

习题 1-4

1. 求下列极限.

$(1)\lim\limits_{x\to 3}\dfrac{x^2-9}{x^2-5x+6}$; $(2)\lim\limits_{x\to 2}\dfrac{2-\sqrt{x+2}}{2-x}$;

$(3)\lim\limits_{x\to\infty}\dfrac{1-x-x^3}{x+x^3}$; $(4)\lim\limits_{x\to\infty}\dfrac{x^2-x+3}{3x^3+2x+5}$;

$(5)\lim\limits_{x\to\infty}\dfrac{3x^2+2x+5}{x^2-x+3}$; $(6)\lim\limits_{n\to\infty}(\sqrt{n^2+1}-\sqrt{n^2-1})$;

$(7)\lim\limits_{n\to\infty}\left(1+\dfrac{1}{3}+\dfrac{1}{9}+\cdots+\dfrac{1}{3^n}\right)$; $(8)\lim\limits_{n\to\infty}\left[\dfrac{1}{1\times 2}+\dfrac{1}{2\times 3}+\cdots+\dfrac{1}{n\times(n+1)}\right]$.

2. 求下列极限.

$(1)\lim\limits_{x\to 0}\dfrac{\sin 3x}{x}$; $(2)\lim\limits_{x\to 0}\dfrac{\sin 5x}{\sin 3x}$; $(3)\lim\limits_{x\to 0}\dfrac{\tan x^3}{\sin x^3}$;

$(4)\lim\limits_{x\to\infty}\left(\dfrac{x+2}{x}\right)^x$; $(5)\lim\limits_{x\to\infty}\left(1+\dfrac{1}{x}\right)^{2x}$; $(6)\lim\limits_{x\to\infty}\left(\dfrac{2x+3}{2x+1}\right)^{x+1}$;

$(7)\lim\limits_{x\to 0}\dfrac{x-\sin x}{x+\sin x}$; $(8)\lim\limits_{x\to 0}(1-x)^{\frac{2}{x}}$.

3. 试证:(1)$\tan x^2$ 是比 x 的高阶无穷小($x\to 0$);

  (2)$\sqrt{1+x}-1$ 与 x 是同阶无穷小($x\to 0$).

4. 比较当 $x\to 0$ 时,无穷小 $\dfrac{1}{1-x}-1-x$ 与 x^2 的阶的高低.

第五节 函数的连续性

连续性是函数的重要性质之一,它反映了许多自然现象的一个共同特性.例如,气温的变化、动植物的生长、空气的流动等,都是随着时间在连续不断地变化着的.这些现象反映在数学上,就是函数的连续性.

一、函数连续性的概念

1. 函数的增量

对函数 $y=f(x)$,当 x 由初值 x_0 到终值 x_1 时,把差(x_1-x_0)称为**自变量 x 的增量**,用记号 Δx 表示,即 $\Delta x=x_1-x_0$ 或 $x_1=x_0+\Delta x$.这时对应的函数值也从 $f(x_0)$ 变到 $f(x_1)=f(x_0+\Delta x)$,

把差 $f(x_0 + \Delta x) - f(x_0)$ 称为**函数 y 的增量**,用记号 Δy 表示,即 $\Delta y = f(x_0 + \Delta x) - f(x_0)$.

应该注意:增量 Δx 可正、可负或为 0;同样,函数的增量 Δy 也可正、可负或为 0.

例 1 设 $y = f(x) = 3x^2 - 1$,求适合下列条件的自变量的增量 Δx 和函数的增量 Δy.

(1)当 x 由 1 变到 1.5; (2)当 x 由 1 变到 0.5; (3)当 x 由 1 变到 $1 + \Delta x$.

解 (1)$\Delta x = 1.5 - 1 = 0.5$,$\Delta y = f(1.5) - f(1) = 5.75 - 2 = 3.75$.

(2)$\Delta x = 0.5 - 1 = -0.5$,$\Delta y = f(0.5) - f(1) = 0.75 - 1 - 2 = -2.25$.

(3)$\Delta x = 1 + \Delta x - 1 = \Delta x$,$\Delta y = f(1 + \Delta x) - f(1) = [3(1 + \Delta x)^2 - 1] - 2 = 6\Delta x + 3(\Delta x)^2$.

2. 函数的连续性

(1)函数在一点 x_0 处的连续性.

从图 1-10(a)中看出,函数 $y = f(x)$ 的图像是连续不断的曲线;图 1-10(b)中,函数 $y = g(x)$ 的图像在 $x = x_0$ 处是断开的,因此,说函数 $y = f(x)$ 在 $x = x_0$ 处是连续的,而函数 $y = g(x)$ 在 $x = x_0$ 处是间断的.

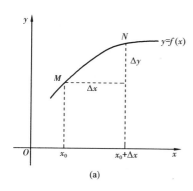
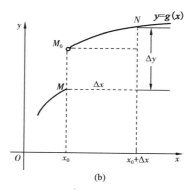

(a)　　　　　　　　　　　　(b)

图 1-10

由此可见,函数 $y = f(x)$ 在 x_0 处连续的特征是当 $\Delta x \to 0$ 时,$\Delta y \to 0$,即 $\lim\limits_{\Delta x \to 0} \Delta y = 0$;当 $\lim\limits_{\Delta x \to 0} \Delta y \neq 0$,则函数 $y = g(x)$ 在 x_0 处一定间断. 于是有如下定义:

定义 1 设函数 $y = f(x)$ 在点 x_0 的邻域 $U(x_0, \delta)$ 内有定义,如果当自变量 x 在 x_0 处的增量 Δx 趋近于零时,函数 $y = f(x)$ 相应的增量 $\Delta y = f(x_0 + \Delta x) - f(x_0)$ 也趋近于零,即

$$\lim_{\Delta x \to 0} \Delta y = \lim_{\Delta x \to 0} [f(x_0 + \Delta x) - f(x_0)] = 0$$

那么,就称函数 $y = f(x)$ 在点 x_0 处**连续**,x_0 称为函数的**连续点**.

在定义 1 中,设 $x = x_0 + \Delta x$,当 $\Delta x \to 0$ 时,有 $x \to x_0$;当 $\Delta y \to 0$ 时,有 $f(x) \to f(x_0)$,因此,函数 $y = f(x)$ 在点 x_0 连续的定义又可叙述为:

定义 2 设函数 $y = f(x)$ 在点 x_0 的邻域 $U(x_0, \delta)$ 内有定义,且 $\lim\limits_{x \to x_0} f(x) = f(x_0)$,则称函数 $y = f(x)$ 在点 x_0 处**连续**.

这个定义指出,函数 $y = f(x)$ 在点 x_0 连续要满足三个条件:

① 函数 $y = f(x)$ 在点 x_0 的邻域 $U(x_0, \delta)$ 内有定义;

② $\lim\limits_{x \to x_0} f(x)$ 存在;

③ $\lim\limits_{x \to x_0} f(x) = f(x_0)$.

例 2 证明函数 $y = 2x^2 + 1$ 在点 $x = 1$ 处是连续的.

证明 $y = 2x^2 + 1$ 的定义域为 $(-\infty, +\infty)$,故 $y = 2x^2 + 1$ 在 $x = 1$ 的邻域内有定义.

设自变量在点 $x = 1$ 处有增量 Δx,则函数相应增量为

$$\Delta y = 2(1 + \Delta x)^2 + 1 - 3 = 4\Delta x + 2(\Delta x)^2$$

因为 $\lim\limits_{\Delta x \to 0} \Delta y = \lim\limits_{\Delta x \to 0} [4\Delta x + 2(\Delta x)^2] = 0$,所以根据定义 1 可知,函数 $y = 2x^2 + 1$ 在点 $x = 1$ 是连续的.

例 3 利用定义 2 证明函数 $y = 2x^2 + 1$ 在点 $x = 1$ 处连续.

证明 ① 函数 $y = 2x^2 + 1$ 的定义域为 $(-\infty, +\infty)$,故函数在点 $x = 1$ 的邻域内有定义,且 $f(1) = 3$;

② $\lim\limits_{x \to 1} f(x) = \lim\limits_{x \to 1} (2x^2 + 1) = 3$;

③ $\lim\limits_{x \to 1} f(x) = 3 = f(1)$.

因此,根据定义 2 可知,函数 $f(x) = 2x^2 + 1$ 在点 $x = 1$ 处连续.

（2）函数在区间的连续性.

下面先介绍函数的左连续与右连续的概念.

定义 3 若函数 $f(x)$ 在点 x_0 处有 $\lim\limits_{x \to x_0^-} f(x) = f(x_0)$ 或 $\lim\limits_{x \to x_0^+} f(x) = f(x_0)$,则分别称函数 $f(x)$ 在 x_0 处**左连续**或**右连续**.

于是,函数 $f(x)$ 在点 x_0 处连续的充要条件可表示为 $\lim\limits_{x \to x_0^-} f(x) = f(x_0) = \lim\limits_{x \to x_0^+} f(x)$.

设函数 $y = f(x)$ 在区间 (a,b)（或 $(-\infty, +\infty)$）内有定义,若 $y = f(x)$ 在 (a,b)（或 $(-\infty, +\infty)$）内每一点 x 处都连续,则称函数 $y = f(x)$ 在该**区间内连续**,区间 (a,b)（或 $(-\infty, +\infty)$）称为函数的连续区间.

设函数 $y = f(x)$ 在区间 $[a,b]$ 上有定义,若 $y = f(x)$ 在开区间 (a,b) 内连续,在左端点 a 处右连续,在右端点 b 处左连续,则称 $y = f(x)$ 在闭区间 $[a,b]$ 上连续.

显然,在某一区间内,连续函数的图像是一条连续不断的曲线,这是连续函数的几何特性.

例 4 作出函数 $f(x) = \begin{cases} 1, & x < -1 \\ x, & -1 \leqslant x \leqslant 1 \end{cases}$ 的图像,并讨论函数 $f(x)$ 在点 $x = 1$ 及点 $x = -1$ 的连续性.

解 分段函数 $f(x)$ 在区间 $(-\infty, 1]$ 内有定义,函数图像如图 1-11 所示.

因为 $\lim\limits_{x \to 1^-} f(x) = \lim\limits_{x \to 1^-} x = 1$,而 $f(1) = 1$,所以函数在点 $x = 1$ 左连续.

因为 $\lim\limits_{x \to -1^+} f(x) = \lim\limits_{x \to -1^+} x = -1$,$\lim\limits_{x \to -1^-} f(x) = \lim\limits_{x \to -1^-} 1 = 1$,左极限不等于右极限,所以,$\lim\limits_{x \to -1} f(x)$ 不存在,即函数 $f(x)$ 在点 $x = -1$ 不连续.

3. 函数的间断点

（1）间断点.

例 5 讨论下面三个函数在 $x = 1$ 的连续性.

① 函数 $f(x) = \dfrac{x^2 - 1}{x - 1}$. 由于在点 $x = 1$ 没有定义,故在点 $x = 1$ 不连续（图 1-12）.

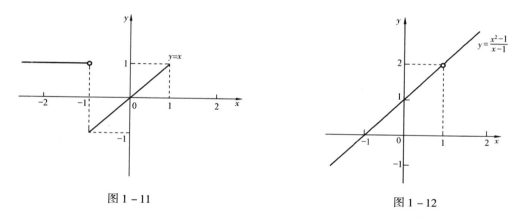

图 1 - 11   图 1 - 12

② 函数 $f(x) = \begin{cases} x, & x \geq 1 \\ x - 1, & x < 1 \end{cases}$ 虽在点 $x = 1$ 有定义,但由于 $\lim\limits_{x \to 1} f(x)$ 不存在,所以函数 $f(x)$ 在点 $x = 1$ 不连续(图 1 - 13).

③ 函数 $f(x) = \begin{cases} \dfrac{1}{2}x + 1, & x \neq 1 \\ 0, & x = 1 \end{cases}$ 虽在点 $x = 1$ 处有定义且 $\lim\limits_{x \to 1} f(x) = \dfrac{3}{2}$ 存在,但 $\lim\limits_{x \to 1} f(x) \neq$ $f(1)$,故函数 $f(x)$ 在点 $x = 1$ 不连续(图 1 - 14).

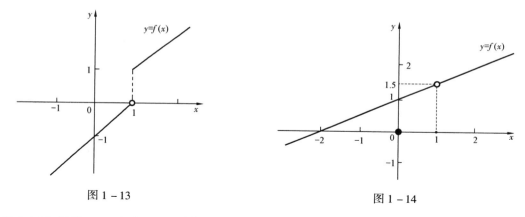

图 1 - 13   图 1 - 14

以上三个函数 $f(x)$ 在点 $x = 1$ 处都不连续,但产生不连续的原因却各不相同. 关于函数在某点不连续,一般有如下定义:

定义 3 设函数 $y = f(x)$ 在 x_0 的一个邻域内有定义(在 x_0 处可以没有定义),如果函数 $f(x)$ 在点 x_0 处不连续,则称 x_0 是函数 $y = f(x)$ 的**间断点**,也称函数在该点间断.

由定义可知,有下列三种情形之一:

① 在点 $x = x_0$ 处无定义;

② 虽在点 $x = x_0$ 有定义,但 $\lim\limits_{x \to x_0} f(x)$ 不存在;

③ 虽在点 $x = x_0$ 有定义,且 $\lim\limits_{x \to x_0} f(x)$ 存在,但 $\lim\limits_{x \to x_0} f(x) \neq f(x_0)$;则该点 x_0 为函数 $f(x)$ 的**间断点**.

*(2)间断点的分类.

定义 4 设 x_0 为函数 $y = f(x)$ 的一个间断点,若当 $x \to x_0$ 时,$f(x)$ 的左、右极限均存在,则称 x_0 为函数 $f(x)$ 的**第一类间断点**;否则,即当 $x \to x_0$ 时,$f(x)$ 的左、右极限中至少有一个不存在,则称 x_0 为函数 $f(x)$ 的**第二类间断点**.

可以验证,上述情形中,当 $x \to 1$ 时,函数的左、右极限均存在,所以,$x = 1$ 是第一类间断点.

特别地,在第一类间断点中,若 $\lim\limits_{x \to x_0^-} f(x) = \lim\limits_{x \to x_0^+} f(x)$,即 $\lim\limits_{x \to x_0} f(x)$ 存在,则称 x_0 为**可去间断点**.

若 $\lim\limits_{x \to x_0^-} f(x) \neq \lim\limits_{x \to x_0^+} f(x)$,称 x_0 为**跳跃间断点**.

例如,上述例①和例③中,$x = 1$ 是可去间断点,而在例②中 $x = 1$ 是跳跃间断点.

例 6 求下列函数的间断点,并说明其类型.

$$① f(x) = \begin{cases} \dfrac{\sin x}{x}, & x \neq 0 \\ 0, & x = 0 \end{cases}; \quad ② y = \tan x;$$

$$③ f(x) = \begin{cases} -x + 1, & x \geq 0 \\ -1, & x < 0 \end{cases}; \quad ④ f(x) = \dfrac{x+1}{(x+1)(x-2)}.$$

解 ① 函数 $f(x)$ 在 $(-\infty, +\infty)$ 内有定义,且由重要极限知 $\lim\limits_{x \to 0} f(x) = \lim\limits_{x \to 0} \dfrac{\sin x}{x} = 1$,而 $f(0) = 0$,即 $\lim\limits_{x \to 0} f(x) \neq f(0)$. 所以,$x = 0$ 是函数 $f(x)$ 的间断点,又因为 $\lim\limits_{x \to 0} f(x)$ 存在,即左、右极限都存在且相等,因此,$x = 0$ 是此函数的可去间断点.

② 函数 $y = \tan x$ 在 $x = k\pi + \dfrac{\pi}{2}(k \in Z)$ 的邻域有定义,但在 $x = k\pi + \dfrac{\pi}{2}(k \in Z)$ 没定义,所以点 $x = k\pi + \dfrac{\pi}{2}(k \in Z)$ 是函数 $y = \tan x$ 的间断点.

又 $\lim\limits_{x \to \left(\frac{\pi}{2}\right)^+} \tan x = -\infty$,$\lim\limits_{x \to \left(\frac{\pi}{2}\right)^-} \tan x = +\infty$. 根据函数有周期性,函数 $y = \tan x$ 在 $x = k\pi + \dfrac{\pi}{2}$ $(k \in Z)$ 处的左、右极限均不存在,所以 $x = k\pi + \dfrac{\pi}{2}(k \in Z)$ 为第二类间断点.

③ 函数 $f(x) = \begin{cases} -x + 1, & x \geq 0 \\ -1, & x < 0 \end{cases}$ 在点 $x = 0$ 有定义,但 $\lim\limits_{x \to 0^+} f(x) = \lim\limits_{x \to 0^+}(-x + 1) = 1$,$\lim\limits_{x \to 0^-} f(x) = \lim\limits_{x \to 0^-}(-1) = -1$,即 $\lim\limits_{x \to 0^+} f(x) \neq \lim\limits_{x \to 0^-} f(x)$,所以 $x = 0$ 是函数 $f(x)$ 的跳跃间断点.

④ 函数 $f(x) = \dfrac{x+1}{(x+1)(x-2)}$ 在 $x = -1$ 和 $x = 2$ 处没定义,故 $x = -1$ 和 $x = 2$ 是此函数的间断点. 又 $\lim\limits_{x \to -1} f(x) = \lim\limits_{x \to -1} \dfrac{x+1}{(x+1)(x-2)} = -\dfrac{1}{3}$,故 $x = -1$ 是此函数的可去间断点;$\lim\limits_{x \to 2} f(x)$ 不存在,故 $x = 2$ 是此函数的第二类间断点.

二、初等函数的连续性

1. 基本初等函数的连续性

基本初等函数在其定义域内都是连续的. 例如:

指数函数 $y = a^x$($a > 0$ 且 $a \neq 1$)在定义域 $(-\infty, +\infty)$ 内是连续的;

对数函数 $y = \log_a x$($a > 0$ 且 $a \neq 1$)在定义域 $(0, +\infty)$ 内是连续的;

正弦函数 $y = \sin x$ 和余弦函数 $y = \cos x$ 在定义域 $(-\infty, +\infty)$ 内都是连续的.

2. 连续函数的和、差、积、商的连续性

定理 1 若函数 $f(x)$、$g(x)$ 在点 x_0 处皆连续,则它们的和、差、积、商(分母不为零)也都在

点 x_0 连续,即

$$\lim_{x \to x_0}[f(x) \pm g(x)] = f(x_0) \pm g(x_0)$$

$$\lim_{x \to x_0}[f(x)g(x)] = f(x_0)g(x_0)$$

$$\lim_{x \to x_0}\frac{f(x)}{g(x)} = \frac{f(x_0)}{g(x_0)}[g(x_0) \neq 0]$$

例如,$\sin x$、$\cos x$ 在 $(-\infty, +\infty)$ 内连续,所以,$\tan x$、$\cot x$、$\sec x$、$\csc x$ 在有定义的点处皆连续.

上述结论可以推广到有限个连续函数的运算.

3. 反函数的连续性

定理 2 严格单调的连续函数必有严格单调的连续反函数且单调性不变.

例如,$\sin x$ 在 $\left[-\dfrac{\pi}{2}, \dfrac{\pi}{2}\right]$ 上、$\cos x$ 在 $[0, \pi]$ 上、$\tan x$ 在 $\left(-\dfrac{\pi}{2}, \dfrac{\pi}{2}\right)$ 内、$\cot x$ 在 $(0, \pi)$ 内、a^x 在 $(-\infty, +\infty)$ 内皆为严格单调的连续函数,所以它们的反函数 $\arcsin x$、$\arccos x$、$\arctan x$、$\text{arccot} x$ 及 $\log_a x$ 在其定义区间内皆为严格单调的连续函数.

4. 复合函数的连续性

定理 3 设函数 $y = f(u)$ 在 u_0 处连续,函数 $u = \varphi(x)$ 在 x_0 处连续,且 $u_0 = \varphi(x_0)$,则复合函数 $y = f[\varphi(x)]$ 在 x_0 处也连续.

简单地说,连续函数的复合函数仍为连续函数.

由此,在求复合函数极限时,其内外层函数均为连续函数,则极限符号与函数符号可以层层交换次序,即

$$\lim_{x \to x_0}f[\varphi(x)] = f\left[\lim_{x \to x_0}\varphi(x)\right] = f\left[\varphi\left(\lim_{x \to x_0}x\right)\right] = f[\varphi(x_0)]$$

定理 4 设函数 $y = f[\varphi(x)]$,若 $\lim\limits_{x \to x_0}\varphi(x) = a$,而函数 $f(u)$ 在 $u = a$ 处连续,

则

$$\lim_{x \to x_0}f[\varphi(x)] = f\left[\lim_{x \to x_0}\varphi(x)\right] = f(a)$$

显然,定理 4 是将定理 3 中的条件放宽,只要 $x \to x_0$ 时,函数 $u = \varphi(x) \to u_0$,等式即成立.此式是利用变量代换求函数极限的根据所在.

例 7 求 $\lim\limits_{x \to \infty}\sin\left(1 + \dfrac{1}{x}\right)^x$.

解 因为 $\lim\limits_{x \to \infty}\left(1 + \dfrac{1}{x}\right)^x = \mathrm{e}$,而 $\sin u$ 在 $u = \mathrm{e}$ 时连续,所以

$$\lim_{x \to \infty}\sin\left(1 + \frac{1}{x}\right)^x = \sin\left[\lim_{x \to \infty}\left(1 + \frac{1}{x}\right)^x\right] = \sin\mathrm{e}$$

5. 初等函数的连续性

由基本初等函数的连续性,连续函数和、差、积、商的连续性以及复合函数的连续性可知:

初等函数在其定义区间内都是连续的.

根据函数 $f(x)$ 在点 x_0 连续的定义,如果 $f(x)$ 是初等函数且 x_0 是 $f(x)$ 定义区间内的点,那么求 $f(x)$ 当 $x \to x_0$ 时的极限时,只要求 $f(x)$ 在点 x_0 的函数值就可以了,即

$$\lim_{x \to x_0} f(x) = f(x_0)$$

例 8 求 $\lim\limits_{x \to 0} \ln\cos x$.

解 设函数 $f(x) = \ln\cos x$,它的一个定义区间为 $\left(-\dfrac{\pi}{2}, \dfrac{\pi}{2}\right)$,而 $x = 0$ 在该区间内,所以有 $\lim\limits_{x \to 0} \ln\cos x = \ln\cos 0 = 0.$

三、闭区间上连续函数的性质

1. 最大值与最小值性质

定理 5 闭区间上的连续函数一定存在最大值和最小值.

如图 1 - 15 所示,设函数 $f(x)$ 在闭区间 $[a,b]$ 上连续,那么至少有一点 $\xi_1 (a \leqslant \xi_1 \leqslant b)$,使得函数值 $f(\xi_1)$ 为最大值,即 $f(\xi_1) \geqslant f(x) (a \leqslant x \leqslant b)$;又至少有一点 $\xi_2 (a \leqslant \xi_2 \leqslant b)$,使得函数值 $f(\xi_2)$ 为最小值,即 $f(\xi_2) \leqslant f(x) (a \leqslant x \leqslant b)$. 这样的函数值 $f(\xi_1)$ 和 $f(\xi_2)$ 分别称为函数 $f(x)$ 在闭区间 $[a,b]$ 上的最大值和最小值.

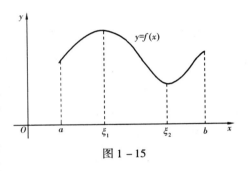

图 1 - 15

例如,函数 $y = \sin x$ 在闭区间 $[0, 2\pi]$ 上是连续的,在 $\xi_1 = \dfrac{\pi}{2}$ 处,它的函数值 $\sin\dfrac{\pi}{2} = 1$,不小于闭区间 $[0, 2\pi]$ 上其他各点处的函数值,即

$$\sin\frac{\pi}{2} \geqslant \sin x \quad (0 \leqslant x \leqslant 2\pi)$$

在 $\xi_2 = \dfrac{3}{2}\pi$ 处,它的函数值 $\sin\dfrac{3}{2}\pi = -1$,不大于闭区间 $[0, 2\pi]$ 上其他各点处的函数值,即

$$\sin\frac{3}{2}\pi \leqslant \sin x \quad (0 \leqslant x \leqslant 2\pi)$$

这里 $\sin\dfrac{\pi}{2} = 1$ 和 $\sin\dfrac{3}{2}\pi = -1$ 分别是函数 $y = \sin x$ 在闭区间 $[0, 2\pi]$ 上的最大值和最小值.

此定理中有两点需要注意:(1)闭区间;(2)函数连续. 若函数在开区间 (a,b) 内连续,或在闭区间上有间断点,那么函数在该区间上不一定有最大值或最小值.

例如,在开区间 $(0,2)$ 上考察连续函数 $f(x) = x^2$,如图 1 - 16 所示,显然在此区间内既无最大值也无最小值.

再如,函数 $f(x) = \begin{cases} -(x+1), & -1 \leqslant x < 0 \\ 0, & x = 0 \\ 2 - x, & 0 < x \leqslant 2 \end{cases}$,在闭区间 $[-1, 2]$ 上有间断点,容易看出,$f(x)$ 在区间 $[-1, 2]$ 上既无最大值也无最小值(图 1 - 17).

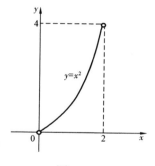

图 1 - 16

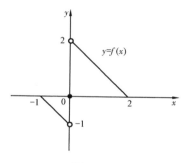

图 1 - 17

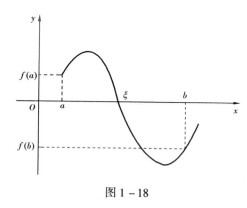

图 1 - 18

2. 零点定理

定理 6 若函数 $f(x)$ 在闭区间 $[a,b]$ 上连续，且 $f(a) \cdot f(b) < 0$，则至少存在一点 $\xi \in (a,b)$，满足 $f(\xi) = 0$（图 1 - 18）.

零点定理常常用来判定方程 $f(x) = 0$ 根的存在性与根的范围.

例 9 证明方程 $x^3 + x^2 - 7x - 2 = 0$ 在 $(0,3)$ 内至少有一个根.

证明 显然 $f(x) = x^3 + x^2 - 7x - 2$ 在闭区间 $[0,3]$ 上是连续的，并在区间端点的函数值为

$f(0) = -2 < 0, f(3) = 13 > 0.$

根据零点定理，可知在 $(0,3)$ 内至少有一点 ξ，使得 $f(\xi) = 0$.

说明方程 $x^3 + x^2 - 7x - 2 = 0$ 在 $(0,3)$ 内至少有一个根 ξ.

习题 1 - 5

1. 设函数 $f(x) = x^2 - 2x + 5$，求下列条件下函数的增量.

（1）当 x 由 2 变到 3；　　　　　　　（2）当 x 由 2 变到 1；

（3）当 x 由 2 变到 $2 + \Delta x$；　　　　　（4）当 x 由 x_0 变到 $x_0 + \Delta x$.

2. 讨论函数 $f(x) = \dfrac{x^2 - 1}{x - 3}$ 在点 $x = 3$ 处的连续性.

3. 设 $f(x) = \begin{cases} e^x, & x < 0 \\ a + x, & x \geqslant 0 \end{cases}$，问 a 为何值时函数 $f(x)$ 在 $x = 0$ 处连续.

*4. 求函数 $f(x) = \dfrac{x^2 - 1}{(x - 2)(x - 1)}$ 的间断点，并判断其类型.

5. 求下列各极限.

（1）$\lim\limits_{x \to 2\pi} \sin \dfrac{x}{4}$；　　（2）$\lim\limits_{x \to 2}(x^3 - 2x^2 + 3x - 1)$；　　（3）$\lim\limits_{x \to 1} \arctan x$；

（4）$\lim\limits_{x \to e} \dfrac{x}{\ln x}$；　　（5）$\lim\limits_{x \to 2} \sqrt{1 - x^2 + 3x}$；　　（6）$\lim\limits_{x \to 0} \ln(1 + x^2)$.

6. 证明方程 $\sin x + 1 = x$ 在区间 $(0,\pi)$ 内至少存在一个根.

复 习 题 一

1. 选择题.

（1）函数 $f(x)$ 的定义域是 $[0,1]$，则函数 $f(x+1)$ 的定义域是（　）.

    A. $[0,1]$　　　　B. $[1,2]$　　　　C. $[-1,0]$　　　　D. $[-1,1]$

（2）若函数 $f(x)=x(x+3)$，则函数 $f(x-1)=$（　）.

    A. $(x-1)(x+2)$　　B. $x(x+3)$　　　C. $(x+1)(x+4)$　　D. $(x-1)(x+3)$

（3）下列各组中，函数不同的是（　）.

    A. $f(x)=\dfrac{x^2+1}{x(x^2+1)}, g(x)=\dfrac{1}{x}$　　　　　　B. $f(x)=\sqrt{(x-1)^2}, g(x)=|x-1|$

    C. $f(x)=x, g(x)=(\sqrt{x})^2$　　　　　　　　D. $f(x)=x, g(x)=\ln e^x$

（4）设在点 x_0 的某邻域内有 $f(x)<g(x)$，且 $\lim\limits_{x\to x_0}f(x)=a,\ \lim\limits_{x\to x_0}g(x)=b$，则必有（　）.

    A. $a>b$　　　　　B. $a<b$　　　　　C. $a\geqslant b$　　　　D. $a\leqslant b$

（5）当 $x\to 0$ 时，$\sin x^2$ 是 x 的（　）.

    A. 高阶无穷小　　B. 低阶无穷小　　C. 同阶无穷小　　D. 等价无穷小

（6）若 $\lim\limits_{x\to 1}\dfrac{x^2+ax+b}{x-1}=3$，则 a、b 的值为（　）.

    A. 1、1　　　　　B. -1、-2　　　　C. -2、1　　　　D. 1、-2

2. 填空题.

（1）设 $f(x)=x^2, g(x)=\mathrm{e}^x$，则 $f[g(x)]=$ ＿＿＿＿＿＿．

（2）设 $f(x+1)=x^2+3x+5$，则 $f(x)=$ ＿＿＿＿＿＿．

（3）函数 $y=\dfrac{3x-2}{x^2-4}$ 的间断点是 ＿＿＿＿＿＿．

（4）若函数 $f(x)=\begin{cases} x\sin\dfrac{1}{x}, & x\neq 0 \\ 2k, & x=0 \end{cases}$，在 $x=0$ 连续，则常数 $k=$ ＿＿＿＿＿＿．

（5）$\lim\limits_{x\to +\infty}(\sqrt{x^2+x}-x)=$ ＿＿＿＿＿＿．

（6）$\lim\limits_{x\to 0}\dfrac{x^3\sin\dfrac{1}{x}}{1-\cos^2 x}=$ ＿＿＿＿＿＿．

*（7）若函数 $f(x)=\begin{cases} \dfrac{x\sin\dfrac{1}{x}+3}{x}, & x\neq 0 \\ 2k, & x=0 \end{cases}$，在 $x=0$ 连续，则常数 $k=$ ＿＿＿＿＿＿．

3. 判断下列函数的奇偶性.

    （1）$y=x^4+x^2+1$；　　　　　　　　　　（2）$y=x^3+x-1$；

    （3）$y=\ln\dfrac{1-x}{1+x}$；　　　　　　　　　　（4）$y=x\cos x$.

    4. 火车站收取行李费的规定如下：当行李不超过 50 kg 时按基本运费计算，如从北京到某地每千克收 0.30 元；当超过 50 kg 时，超重部分按每千克收 0.45 元．试求某地的行李费 y（单位:元)与质量 x(单位:kg)之间的函数关系,并画出该函数的图形.

5. 甲船以每小时 20km 的速度向东行驶,同一时间乙船在甲船正北 80km 处以每小时 15km 的速度向南行驶,试将两船间的距离表示成时间的函数.

6. 设函数 $f(x) = \begin{cases} x^2, & x < 0 \\ x, & x \geq 0 \end{cases}$,

(1)作出 $f(x)$ 的图形.

(2)给出 $\lim\limits_{x \to 0^-} f(x)$ 及 $\lim\limits_{x \to 0^+} f(x)$.

(3)$x \to 0$ 时,$f(x)$ 的极限存在吗?

7. 设 $f(x) = \begin{cases} 3x, & -1 < x < 1 \\ 2, & x = 1 \\ 3x^2, & 1 < x < 2 \end{cases}$,求 $\lim\limits_{x \to 0} f(x)$、$\lim\limits_{x \to 1} f(x)$、$\lim\limits_{x \to \frac{3}{2}} f(x)$.

8. 观察下列各题中,哪些是无穷小? 哪些是无穷大?

$(1)\dfrac{1+2x}{x}(x \to 0)$; $(2)\dfrac{1+2x}{x^2}(x \to \infty)$; $(3)\tan x(x \to 0)$;

$(4)e^{-x}(x \to +\infty)$; $(5)2^{\frac{1}{x}}(x \to 0^-)$; $(6)\dfrac{(-1)^n}{2^n}(n \to +\infty)$.

9. 求下列极限.

$(1)\lim\limits_{x \to \infty}\dfrac{x^3+x}{x^3-3x^2+4}$; $(2)\lim\limits_{x \to 1}\dfrac{x^2-3x+2}{x^2-4x+3}$; $(3)\lim\limits_{x \to \infty}\dfrac{x-\cos x}{x}$;

$(4)\lim\limits_{x \to +\infty}(\sqrt{x+5}-\sqrt{x})$; $(5)\lim\limits_{x \to 1}\left(\dfrac{2}{x^2-1}-\dfrac{1}{x-1}\right)$; $*(6)\lim\limits_{x \to \infty}\dfrac{(2x-1)^{10}(1-x)^{15}}{(3x+2)^{25}}$.

10. 利用无穷小性质求下列极限.

$(1)\lim\limits_{x \to 0}x^2\sin\dfrac{1}{x^2}$; $(2)\lim\limits_{x \to \infty}\dfrac{1}{x}\arctan x$; $(3)\lim\limits_{x \to \infty}\dfrac{\sin x+\cos x}{x}$.

11. 利用两个重要极限求下列极限.

$(1)\lim\limits_{x \to \infty}x\tan\dfrac{1}{x}$; $(2)\lim\limits_{x \to \infty}2^x\sin\dfrac{1}{2^x}$; $(3)\lim\limits_{x \to 1}\dfrac{\sin^2(x-1)}{x-1}$;

$(4)\lim\limits_{x \to 0}(1-2x)^{\frac{1}{x}}$; $(5)\lim\limits_{x \to \infty}\left(1+\dfrac{2}{x}\right)^{x+2}$; $*(6)\lim\limits_{x \to \infty}\left(\dfrac{x+3}{x-1}\right)^x$.

12. 用等价无穷小代换求下列极限.

$(1)\lim\limits_{x \to 0}\dfrac{1-\cos x}{x\sin x}$; $(2)\lim\limits_{x \to 0}\dfrac{x^2\sin\dfrac{2}{x}}{\tan x}$.

*13. 讨论下列函数的连续性,如有间断点,指出其类型.

$(1)y = \dfrac{x^2-1}{x^2-3x+2}$; $(2)y = \dfrac{\tan 2x}{x}$; $(3)y = \begin{cases} e^{\frac{1}{x}}, & x < 0 \\ 1, & x = 0 \\ x, & x > 0 \end{cases}$.

14. 设 $f(x) = \begin{cases} 1+e^x, & x < 0 \\ x+2a, & x \geq 0 \end{cases}$,问常数 a 为何值时,函数 $f(x)$ 在 $(-\infty, +\infty)$ 内连续.

15. 已知 a、b 为常数,$\lim\limits_{x \to \infty}\dfrac{ax^2+bx+5}{3x+2}=5$,求 a、b 的值.

16. 证明方程 $x - 2\sin x = 1$ 至少有一个正根小于 3.

自 测 题 一

一、判断题(每题 6 分,共 6 题,总分 36 分).

1. $f(x) = \sqrt{x+3}$ 的定义域为(-3 , $+\infty$).

2. 若 $f(x) = x(x+3)$ 则 $f(x-3) = (x-3)(x+3)$.

3. $\lim\limits_{x \to \infty} \dfrac{3x^2 - 2x + 1}{2x^2 + x - 3} = -\dfrac{1}{3}$.

4. $\lim\limits_{n \to \infty} \dfrac{2n+5}{3n-2} = \dfrac{2}{3}$.

5. $\lim\limits_{x \to 0} \dfrac{x}{\sin x} = 1$.

6. $\lim\limits_{x \to \infty} \left(1 + \dfrac{1}{-x}\right)^{-x} = e^{-1}$.

二、填空题(每题 6 分,共 4 题,总分 24 分).

1. $\lim\limits_{n \to \infty} \dfrac{3n-1}{4n+1} = $ _____ .

2. $\lim\limits_{x \to 0} \dfrac{\sin 3x}{x} = $ _____ .

3. $\lim\limits_{x \to \infty} \dfrac{2x^3 - 3x + 1}{4x^3 + x - 2} = $ _____ .

4. 若 $f(x) = \begin{cases} \dfrac{\sin 4x}{x}, & x \neq 0 \\ 2k, & x = 0 \end{cases}$ 在 $x = 0$ 处连续,则 $k = $ _____ .

三、计算题(每题 10 分,共 4 题,总分 40 分).

1. 求极限(1) $\lim\limits_{x \to 1} \dfrac{x-1}{x^2 - 3x + 2}$;   (2) $\lim\limits_{x \to 2} \dfrac{x^2 - 4}{x^2 - 5x + 6}$.

2. 求极限(1) $\lim\limits_{x \to \infty} \left(1 + \dfrac{1}{x}\right)^{3x}$;   (2) $\lim\limits_{x \to \infty} \left(1 - \dfrac{2}{x}\right)^{x}$.

第二章 导数与微分

微分学是微积分的重要组成部分,导数与微分是微分学的两个基本概念.导数反映函数的变化率;而微分反映当自变量有微小变化时,函数改变量的近似值.本章将介绍导数与微分的概念和求导数与微分的基本公式与方法.

第一节 导数概述

一、两个有关导数的实例

1. 变速直线运动的瞬时速度

在物理学中,当物体做匀速直线运动时,它在任何时刻的速度为 $v = \dfrac{s}{t}$. 但在实际问题中,运动往往是非匀速的,因此,上述公式反映的只是物体在某段时间的平均速度,而不能准确反映物体在每一时刻的速度,即瞬时速度.

设一质点做变速直线运动,在运动过程中,其运动规律为 $s = s(t)$,求质点在时刻 t_0 的瞬时速度 $v(t_0)$.

设在时刻 t_0 质点的位置为 $s(t_0)$,在时刻 $t_0 + \Delta t$ 质点的位置为 $s(t_0 + \Delta t)$,于是在 t_0 到 $t_0 + \Delta t$ 这段时间内,质点所经过的路程为 $\Delta s = s(t_0 + \Delta t) - s(t_0)$. 则在 Δt 时间内的平均速度为

$$\bar{v} = \frac{\Delta s}{\Delta t} = \frac{s(t_0 + \Delta t) - s(t_0)}{\Delta t}$$

上式只能近似地反映 t_0 时刻的瞬时速度. 对确定的 t_0,显然 $|\Delta t|$ 越小,$\bar{v}$ 就越接近 t_0 时刻的瞬时速度.

因此,当 $\Delta t \to 0$ 时,若 $\dfrac{\Delta s}{\Delta t}$ 的极限存在,则此极限值称为质点在 t_0 时刻的瞬时速度,即

$$v(t_0) = \lim_{\Delta t \to 0} \frac{\Delta s}{\Delta t} = \lim_{\Delta t \to 0} \frac{s(t_0 + \Delta t) - s(t_0)}{\Delta t} \qquad (2-1)$$

在式(2-1)中,若把 $t_0 + \Delta t$ 记为 t,则 $\Delta t = t - t_0$,当 $\Delta t \to 0$ 时,有 $t \to t_0$. 于是,式(2-1)可改写为

$$v(t_0) = \lim_{t \to t_0} \frac{s(t) - s(t_0)}{t - t_0} \qquad (2-2)$$

变速直线运动在时刻 t_0 的瞬时速度反映了路程 s 对时刻 t 变化快慢的程度,因此,速度又称为路程在时刻 t_0 的变化率.

2. 平面曲线切线的斜率

定义 1 设点 M 是平面曲线 C 上的一个定点,在曲线 C 上另取一点 N,作割线 MN,当动

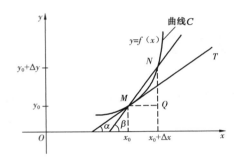

图 2 - 1

点 N 沿曲线 C 向定点 M 趋近时,割线 MN 绕点 M 旋转,若割线 MN 的极限位置 MT 存在,则称直线 MT 为曲线 C 在点 M 处的切线,如图 2 - 1 所示.

设曲线 C 的方程为 $y = f(x)$,求曲线 C 在点 M (x_0, y_0) 处的切线斜率. 如图 2 - 1 所示,在曲线 C 上取与点 $M(x_0, y_0)$ 邻近的另一点 $N(x_0 + \Delta x, y_0 + \Delta y)$,作曲线的割线 MN,则割线 MN 的斜率为

$$\tan\beta = \frac{\Delta y}{\Delta x} = \frac{f(x_0 + \Delta x) - f(x_0)}{\Delta x}$$

其中 β 为割线 MN 的倾斜角. 当点 N 沿曲线 C 趋向点 M 时,即 $x \to x_0$($\Delta x \to 0$). 如果 $\Delta x \to 0$ 时,上式的极限存在,则称该极限为切线 MT 的斜率,设为 k,即

$$k = \lim_{\Delta x \to 0} \frac{f(x_0 + \Delta x) - f(x_0)}{\Delta x} = \tan\alpha \left(\alpha \neq \frac{\pi}{2}\right)$$

式中,α 是切线 MT 的倾斜角.

曲线 C 在点 M 处的切线斜率反映了曲线 $y = f(x)$ 在点 M 升降的快慢程度. 因此,切线斜率又称为曲线 $y = f(x)$ 在 $x = x_0$ 处的变化率.

二、导数的概念

上面两个例子分别属于不同领域,一个为物理问题,一个为几何问题,但从数量关系及解决问题的方法上都有共同特点,即都要求计算函数值的改变量与自变量的改变量之比,在当后者无限趋于零时的极限,如交变电流强度、角速度和线密度等都属于变化率问题. 抓住它们在数量关系上的共性,便得出了函数导数的概念.

1. 函数 $y = f(x)$ 在 x_0 处的导数

设函数 $y = f(x)$ 在点 x_0 的某一邻域内有定义,当自变量 x 在 x_0 处有增量 Δx($\Delta x \neq 0$),相应的函数有增量 $\Delta y = f(x_0 + \Delta x) - f(x_0)$. 若极限

$$\lim_{\Delta x \to 0} \frac{\Delta y}{\Delta x} = \lim_{\Delta x \to 0} \frac{f(x_0 + \Delta x) - f(x_0)}{\Delta x}$$

存在,则称该极限值为函数 $f(x)$ 在点 x_0 处的**导数**,也称函数 $f(x)$ 在点 x_0 处**可导**,记作 $f'(x_0)$,或 $y'|_{x=x_0}$,$\frac{dy}{dx}\Big|_{x=x_0}$,或 $\frac{df(x)}{dx}\Big|_{x=x_0}$,即

$$f'(x_0) = \lim_{\Delta x \to 0} \frac{\Delta y}{\Delta x} = \lim_{\Delta x \to 0} \frac{f(x_0 + \Delta x) - f(x_0)}{\Delta x} \qquad (2 - 3)$$

在上述定义中,若把 $x_0 + \Delta x$ 记为 x,则 $\Delta x = x - x_0$,当 $\Delta x \to 0$ 时,有 $x \to x_0$. 于是,式(2 - 3)可改写为

$$f'(x_0) = \lim_{x \to x_0} \frac{f(x) - f(x_0)}{x - x_0}$$

如果极限不存在,则称函数 $f(x)$ 在点 x_0 处不可导. 有了导数的概念,前面两个问题可重

述为:

(1)变速直线运动在时刻 t_0 的瞬时速度就是位置函数 $s = s(t)$ 在 t_0 处对时间的导数,即

$$v(t_0) = \frac{\mathrm{d}s}{\mathrm{d}t}\Big|_{t=t_0} = \lim_{t \to t_0} \frac{s(t) - s(t_0)}{t - t_0}$$

(2)平面曲线上点 (x_0, y_0) 处的切线斜率是曲线纵坐标 y 在该点对横坐标 x 的导数,即

$$k = \tan\alpha = \frac{\mathrm{d}y}{\mathrm{d}x}\Big|_{x=x_0} = \lim_{x \to x_0} \frac{f(x) - f(x_0)}{x - x_0}$$

2. 导数的几何意义

函数 $y = f(x)$ 在点 x_0 处的导数等于函数所表示的曲线 C 在相应点 (x_0, y_0) 处的切线斜率,即 $k = f'(x_0)$,这就是导数的几何意义.

有了曲线在点 (x_0, y_0) 处的切线斜率,就很容易写出曲线在该点处的切线方程. 事实上,若 $f'(x_0)$ 存在,则曲线 C 上点 $M(x_0, y_0)$ 处的切线方程就是

$$y - y_0 = f'(x_0)(x - x_0)$$

过切点 $M(x_0, y_0)$ 且垂直于切线的直线称为曲线 $y = f(x)$ 在点 $M(x_0, y_0)$ 处的法线.

若 $f'(x_0) \neq 0$,则过点 $M(x_0, y_0)$ 的法线方程为 $y - y_0 = -\dfrac{1}{f'(x_0)}(x - x_0)$.

若 $f'(x_0) = 0$,则切线平行于 x 轴,切线方程为 $y = y_0$;法线垂直于 x 轴,法线方程为 $x = x_0$.

若 $f'(x_0) = \infty$,则切线垂直于 x 轴,切线方程为 $x = x_0$;法线平行于 x 轴,法线方程为 $y = y_0$.

3. 左、右导数

既然导数是比值 $\dfrac{\Delta y}{\Delta x}$ 当 $\Delta x \to 0$(即 $x \to x_0$)时的极限,由于 $x \to x_0$ 的方式不同,因此两极限

$$\lim_{\Delta x \to 0^-} \frac{\Delta y}{\Delta x} = \lim_{\Delta x \to 0^-} \frac{f(x_0 + \Delta x) - f(x_0)}{\Delta x}$$

$$\lim_{\Delta x \to 0^+} \frac{\Delta y}{\Delta x} = \lim_{\Delta x \to 0^+} \frac{f(x_0 + \Delta x) - f(x_0)}{\Delta x}$$

分别称为函数 $y = f(x)$ 在点 x_0 处的左导数和右导数,且分别记为 $f'_-(x_0)$ 和 $f'_+(x_0)$.

定理1 函数 $y = f(x)$ 在点 x_0 的左、右导数存在且相等是 $y = f(x)$ 在点 x_0 处可导的充分必要条件.

4. 函数 $y = f(x)$ 在区间上可导

如果函数 $y = f(x)$ 在区间 (a, b) 内每一点都可导,称 $y = f(x)$ 在区间 (a, b) 内可导.

如果函数 $y = f(x)$ 在区间 (a, b) 内每一点都可导,且 $f'_+(a)$,$f'_-(b)$ 存在,则称 $y = f(x)$ 在区间 $[a, b]$ 上可导.

5. 函数的导(函)数

如果 $y = f(x)$ 在 (a, b) 内可导,那么对于 (a, b) 中的每一个确定的 x 值,都对应着一个确定的导数值 $f'(x)$,这样就确定了一个新的函数,此函数称为函数 $y = f(x)$ 的导函数,记为

$$y', f'(x), \frac{dy}{dx} \text{ 或} \frac{df(x)}{dx}$$

导函数也简称为导数.

显然，函数 $y = f(x)$ 在点 x_0 处的导数 $f'(x_0)$ 就是导函数 $f'(x)$ 在 $x = x_0$ 处的函数值，即 $f'(x_0) = f'(x)|_{x=x_0}$.

三、求导数举例

由导数定义可知，求函数的导数可分为以下三个步骤：

(1) 求增量：$\Delta y = f(x + \Delta x) - f(x)$；

(2) 算比值：$\dfrac{\Delta y}{\Delta x} = \dfrac{f(x + \Delta x) - f(x)}{\Delta x}$；

(3) 取极限：$\lim\limits_{\Delta x \to 0} \dfrac{\Delta y}{\Delta x} = \lim\limits_{\Delta x \to 0} \dfrac{f(x + \Delta x) - f(x)}{\Delta x}$.

例1 求函数 $y = C(C$ 是常数$)$ 的导数.

解 (1) 求增量：$\Delta y = f(x + \Delta x) - f(x) = C - C = 0$；

(2) 算比值：$\dfrac{\Delta y}{\Delta x} = \dfrac{f(x + \Delta x) - f(x)}{\Delta x} = 0$；

(3) 取极限：$y' = \lim\limits_{\Delta x \to 0} \dfrac{\Delta y}{\Delta x} = 0$，即 $C' = 0$.

这就是说，**常数的导数等于零**.

例2 已知函数 $y = f(x) = x^2$，求：$f'(x)$，$f'(4)$.

解 (1) 求增量：$\Delta y = f(x + \Delta x) - f(x) = (x + \Delta x)^2 - x^2 = 2x \cdot \Delta x + (\Delta x)^2$；

(2) 算比值：$\dfrac{\Delta y}{\Delta x} = \dfrac{2x \cdot \Delta x + (\Delta x)^2}{\Delta x} = 2x + \Delta x$；

(3) 取极限：$y' = \lim\limits_{\Delta x \to 0} \dfrac{\Delta y}{\Delta x} = \lim\limits_{\Delta x \to 0} (2x + \Delta x) = 2x$，即 $(x^2)' = 2x$.

$$f'(4) = 2x|_{x=4} = 8$$

可以证明幂函数 $y = x^\alpha(\alpha$ 是任意实数$)$ 的导数公式为

$$(x^\alpha)' = \alpha x^{\alpha-1}$$

例3 求下列函数的导数.

$(1) y = \dfrac{1}{x}$；　$(2) y = \sqrt{x}$；　$(3) y = \dfrac{\sqrt[3]{x}}{x}$.

解 (1) 因为 $y = \dfrac{1}{x} = x^{-1}$，所以 $y' = (x^{-1})' = -x^{-2} = -\dfrac{1}{x^2}$.

(2) 因为 $y = \sqrt{x} = x^{\frac{1}{2}}$，所以 $y' = (x^{\frac{1}{2}})' = \dfrac{1}{2}x^{\frac{1}{2}-1} = \dfrac{1}{2\sqrt{x}}$.

(3) 因为 $y = \dfrac{\sqrt[3]{x}}{x} = x^{-\frac{2}{3}}$，所以 $y' = (x^{-\frac{2}{3}})' = -\dfrac{2}{3}x^{-\frac{2}{3}-1} = -\dfrac{2}{3x \cdot \sqrt[3]{x^2}}$.

注意：$(x^{-1})' = -\dfrac{1}{x^2}$，$(\sqrt{x})' = \dfrac{1}{2\sqrt{x}}$ 以后常用，应记住.

例4 求曲线 $y = \sqrt{x}$ 在点 $(4,2)$ 处的切线方程和法线方程.

解 由 $y' = (\sqrt{x})' = \dfrac{1}{2\sqrt{x}}$，可得切线斜率 $k_1 = \dfrac{1}{2\sqrt{x}}\bigg|_{x=4} = \dfrac{1}{4}$，从而所求切线方程为

$$y - 2 = \frac{1}{4}(x - 4)$$

即

$$x - 4y + 4 = 0$$

因法线斜率为 $k_2 = -\dfrac{1}{k_1} = -4$，故所求法线方程为

$$y - 2 = -4(x - 4)$$

即

$$4x + y - 18 = 0$$

例5 求正弦函数 $y = \sin x$ 的导数.

解 （1）求增量：$\Delta y = f(x + \Delta x) - f(x) = \sin(x + \Delta x) - \sin x = 2\sin\dfrac{\Delta x}{2}\cos\left(x + \dfrac{\Delta x}{2}\right)$；

（2）算比值：$\dfrac{\Delta y}{\Delta x} = \cos\left(x + \dfrac{\Delta x}{2}\right) \cdot \dfrac{\sin\dfrac{\Delta x}{2}}{\dfrac{\Delta x}{2}}$；

（3）取极限：$y' = \lim\limits_{\Delta x \to 0}\dfrac{\Delta y}{\Delta x} = \lim\limits_{\Delta x \to 0}\cos\left(x + \dfrac{\Delta x}{2}\right) \cdot \dfrac{\sin\dfrac{\Delta x}{2}}{\dfrac{\Delta x}{2}} = \cos x$，即

$$(\sin x)' = \cos x$$

类似可得

$$(\cos x)' = -\sin x$$

例6 求对数函数 $y = \log_a x (a > 0$，且 $a \neq 1)$ 的导数.

解 （1）求增量：$\Delta y = f(x + \Delta x) - f(x) = \log_a(x + \Delta x) - \log_a x = \log_a\left(1 + \dfrac{\Delta x}{x}\right)$；

（2）算比值：$\dfrac{\Delta y}{\Delta x} = \dfrac{\log_a\left(1 + \dfrac{\Delta x}{x}\right)}{\Delta x} = \dfrac{1}{x}\log_a\left(1 + \dfrac{\Delta x}{x}\right)^{\frac{x}{\Delta x}}$；

（3）取极限：$y' = \lim\limits_{\Delta x \to 0}\dfrac{\Delta y}{\Delta x} = \lim\limits_{\Delta x \to 0}\dfrac{1}{x}\log_a\left(1 + \dfrac{\Delta x}{x}\right)^{\frac{x}{\Delta x}} = \dfrac{1}{x}\log_a \mathrm{e} = \dfrac{1}{x\ln a}$，即

$$(\log_a x)' = \frac{1}{x\ln a}$$

特别地，当 $a = \mathrm{e}$ 时，有

$$(\ln x)' = \frac{1}{x}$$

四、可导性与连续性的关系

函数 $y = f(x)$ 在点 x_0 处连续是指 $\lim\limits_{\Delta x \to 0} \Delta y = 0$,而在点 x_0 处可导是指 $\lim\limits_{\Delta x \to 0} \frac{\Delta y}{\Delta x}$ 存在,那么可导性与连续性有什么关系呢?

定理 2 如果函数 $y = f(x)$ 在点 x_0 处可导,则 $y = f(x)$ 在点 x_0 处连续.

证明 因为 $y = f(x)$ 在点 x_0 处可导,所以 $\lim\limits_{\Delta x \to 0} \frac{\Delta y}{\Delta x} = f'(x_0)$.

由函数极限与无穷小的关系可知 $\frac{\Delta y}{\Delta x} = f'(x_0) + \alpha$ (α 为当 $\Delta x \to 0$ 时的无穷小),从而有

$$\Delta y = f'(x_0)\Delta x + \alpha \cdot \Delta x$$

由此得

$$\lim_{\Delta x \to 0} \Delta y = \lim_{\Delta x \to 0} [f'(x_0)\Delta x + \alpha \cdot \Delta x] = 0$$

即函数 $y = f(x)$ 在点 x_0 处连续.

注意:定理的逆命题不成立,即**函数在某点处连续,在该点处不一定可导**(请看下例).

例 7 证明:函数 $y = |x|$ 在 $x = 0$ 处连续.但不可导.

证明 当自变量 x 在 $x = 0$ 处有增量 Δx 时,相应地,函数 $y = |x|$ 有增量

$$\Delta y = |0 + \Delta x| - |0| = |\Delta x|$$

且 $\lim\limits_{\Delta x \to 0} \Delta y = \lim\limits_{\Delta x \to 0} |\Delta x| = 0$,所以 $y = |x|$ 在 $x = 0$ 处连续.但

$$\lim_{\Delta x \to 0} \frac{\Delta y}{\Delta x} = \lim_{\Delta x \to 0} \frac{|\Delta x|}{\Delta x}$$

于是

$$\lim_{\Delta x \to 0^-} \frac{\Delta y}{\Delta x} = \lim_{\Delta x \to 0^-} \frac{|\Delta x|}{\Delta x} = \lim_{\Delta x \to 0^-} \frac{-\Delta x}{\Delta x} = -1$$

$$\lim_{\Delta x \to 0^+} \frac{\Delta y}{\Delta x} = \lim_{\Delta x \to 0^+} \frac{|\Delta x|}{\Delta x} = \lim_{\Delta x \to 0^+} \frac{\Delta x}{\Delta x} = 1$$

故极限 $\lim\limits_{\Delta x \to 0} \frac{\Delta y}{\Delta x}$ 不存在,所以,函数 $y = |x|$ 在 $x = 0$ 处不可导.

可见,**函数连续是可导的必要条件,但不是充分条件**.

习题 2 – 1

1. 设质点的运动方程是 $s = t^2 + 1$,计算:

   (1)从 $t = 2$ 到 $t = 2 + \Delta t$ 之间的平均速度;

   (2)当 $\Delta t = 0.1$ 时的平均速度;

   (3)$t = 2$ 时的瞬时速度.

2. 根据导数的定义,求下列函数的导函数和导数值.

(1)已知 $f(x)=5-x$,求 $f'(x)$,$f'(-5)$;

(2)已知 $y=x^2+2$,求 y',$y'|_{x=2}$.

3. 利用幂函数的求导公式,求下列函数的导数.

(1) $y=x^{100}$;   (2) $y=\dfrac{1}{\sqrt{x}}$;   (3) $y=\dfrac{1}{x}$;

(4) $y=x^{\frac{4}{3}}$.

4. 求双曲线 $y=\dfrac{1}{x}$ 在 $x=1$ 处的切线方程和法线方程.

5. 求曲线 $y=x+\ln x$ 上哪一点处的切线与直线 $y=4x-1$ 平行?

6. 高温物体在低温介质中冷却,已知温度 θ 与时间 t 的关系为 $\theta=\theta(t)$,给出 t_0 时冷却速度的定义式.

第二节　求导法则

前面利用导数的定义,已经求出了一些简单函数的导数. 但是对于较复杂的函数,利用定义求导数是很麻烦的,有时甚至是不可能的. 为此在本节中,先介绍求导法则,然后利用导数定义推出复合函数及反函数求导法则,在此基础上求函数的导数.

一、函数的和、差、积、商的求导法则

定理 1　设函数 $u=u(x)$ 和 $v=v(x)$ 在点 x 处可导,则函数 $u\pm v$、uv 和 $\dfrac{u}{v}(v\neq 0)$ 在点 x 处也可导,且有

(1) $(u\pm v)'=u'\pm v'$;

(2) $(uv)'=u'v+uv'$,特别地,$(Cu)'=Cu'$(C 为常数);

(3) $\left(\dfrac{u}{v}\right)'=\dfrac{u'v-uv'}{v^2}(v\neq 0)$,特别地,$\left(\dfrac{1}{v}\right)'=-\dfrac{1}{v^2}$.

定理 1 中的法则(1)、(2)可推广到有限个可导函数的情形. 如设 $u=u(x)$,$v=v(x)$,$\omega=\omega(x)$ 均可导,则有

$$(u+v+\omega)'=u'+v'+\omega'$$

$$(uv\omega)'=u'v\omega+uv'\omega+uv\omega'$$

例 1　已知 $y=x^3-3\ln x-\sin\dfrac{\pi}{5}$,求 y'.

解　$y'=\left(x^3-3\ln x-\sin\dfrac{\pi}{5}\right)'=(x^3)'-3(\ln x)'-\left(\sin\dfrac{\pi}{5}\right)'=3x^2-\dfrac{3}{x}$.

例 2　设 $f(x)=x^2\cos x$,求 $f'(\pi)$.

解　$f'(x)=(x^2\cos x)'=(x^2)'\cos x+x^2(\cos x)'=2x\cos x-x^2\sin x$,$f'(\pi)=2\pi\cos\pi-\pi^2\sin\pi=-2\pi$.

例 3 求函数 $y = \tan x$ 的导数.

解 $y' = (\tan x)' = \left(\dfrac{\sin x}{\cos x}\right)' = \dfrac{(\sin x)'\cos x - \sin x(\cos x)'}{\cos^2 x}$

$$= \dfrac{\cos^2 x + \sin^2 x}{\cos^2 x} = \dfrac{1}{\cos^2 x} = \sec^2 x$$

即
$$(\tan x)' = \sec^2 x$$

类似可得
$$(\cot x)' = -\csc^2 x$$

例 4 求函数 $y = \sec x$ 的导数.

解 $y' = (\sec x)' = \left(\dfrac{1}{\cos x}\right)' = -\dfrac{(\cos x)'}{\cos^2 x} = \dfrac{\sin x}{\cos^2 x} = \sec x \tan x$，即

$$(\sec x)' = \sec x \tan x$$

类似可得
$$(\csc x)' = -\csc x \cot x$$

二、复合函数的求导法则

在给出了函数的和、差、积、商的求导法则后,可以解决一些函数的求导问题. 但在求导运算中,大多数是复合函数的求导问题,这就需要建立复合函数的求导法则.

例如,要求函数 $y = \sin 2x$ 的导数,就不能直接套用导数公式 $(\sin x)' = \cos x$ 而计算得出 $(\sin 2x)' = \cos 2x$,事实上有

$$(\sin 2x)' = (2\sin x\cos x)' = 2\left[(\sin x)'\cos x + \sin x(\cos x)'\right] = 2(\cos^2 x - \sin^2 x) = 2\cos 2x$$

看到:

$$y = \sin u \qquad \dfrac{\mathrm{d}y}{\mathrm{d}u} = y'_u = \cos u$$

$$u = 2x \qquad \dfrac{\mathrm{d}u}{\mathrm{d}x} = u'_x = 2$$

$$y = \sin 2x \qquad \dfrac{\mathrm{d}y}{\mathrm{d}x} = ?$$

注意到 $\dfrac{\mathrm{d}y}{\mathrm{d}x} = 2\cos 2x = \dfrac{\mathrm{d}y}{\mathrm{d}u} \cdot \dfrac{\mathrm{d}u}{\mathrm{d}x}$

对于一般的复合函数的导数,上式同样成立,下面给出相应的定理:

定理 2 如果函数 $u = \varphi(x)$ 在点 x 处可导,而函数 $y = f(u)$ 在对应的点 u 处可导,那么,复合函数 $y = f[\varphi(x)]$ 在点 x 处可导,且有

$$\dfrac{\mathrm{d}y}{\mathrm{d}x} = \dfrac{\mathrm{d}y}{\mathrm{d}u} \cdot \dfrac{\mathrm{d}u}{\mathrm{d}x}$$

也可记为 $y'_x = y'_u \cdot u'_x$ 或 $y'(x) = f'(u) \cdot \varphi'(x)$. 这里的 y'_x 表示 y 对 x 的导数,y'_u 表示 y 对中间变量 u 的导数,u'_x 表示中间变量 u 对自变量 x 的导数.

定理2给出了求复合函数 $y = f[\varphi(x)]$ 的导数的步骤:

(1)将所给函数拆成 $y = f(u)$ 与 $u = \varphi(x)$ 的复合函数;

(2)求函数 $y = f(u)$ 对中间变量 u 的导数(即 y'_u);

(3)求中间变量 $u = \varphi(x)$ 对自变量 x 的导数(即 u'_x);

(4)将(2)、(3)相乘(即 $y'_x = y'_u \cdot u'_x$),再还原结果.

显然,以上法则也可用于两个以上函数复合的情形. 例如,设函数 $y = f(u)$、$u = \varphi(v)$、$v = \psi(x)$ 都可导,则复合函数 $y = f\{\varphi[\psi(x)]\}$ 也可导,且 $\dfrac{\mathrm{d}y}{\mathrm{d}x} = \dfrac{\mathrm{d}y}{\mathrm{d}u} \cdot \dfrac{\mathrm{d}u}{\mathrm{d}v} \cdot \dfrac{\mathrm{d}v}{\mathrm{d}x}$.

例 5　求函数 $y = (x^3 + 1)^{10}$ 的导数.

解　函数 $y = (x^3 + 1)^{10}$ 可看成由函数 $y = u^{10}$ 与 $u = x^3 + 1$ 复合而成,

所以　$y'_u = (u^{10})' = 10u^9, u'_x = (x^3 + 1)' = 3x^2$,

故　$y'_x = y'_u \cdot u'_x = 10u^9 \cdot (3x^2) = 30x^2 \cdot u^9 = 30x^2(x^3 + 1)^9$.

例 6　求函数 $y = \sqrt{a^2 - x^2}$ 的导数.

解　函数 $y = \sqrt{a^2 - x^2}$ 可以看成由函数 $y = \sqrt{u}$ 与 $u = a^2 - x^2$ 复合而成,所以

$$y'_u = (\sqrt{u})' = \frac{1}{2\sqrt{u}}, u'_x = (a^2 - x^2)' = -2x$$

故

$$y'_x = y'_u \cdot u'_x = \frac{1}{2\sqrt{u}}(-2x) = -\frac{x}{\sqrt{u}} = -\frac{x}{\sqrt{a^2 - x^2}}$$

复合函数的求导,关键是分清所给函数的复合结构,恰当地选取中间变量,应用复合函数求导法则求导. 熟练后,就不必再写出中间变量,只要把中间变量所代表的式子默记在心,运用复合函数的求导法则,从外到内,逐层求导即可.

例 7　求下列函数的导数.

$(1) y = \sin^2 x$;　$(2) y = \ln \tan \dfrac{x}{2}$.

解　$(1) y' = (\sin^2 x)' = 2\sin x (\sin x)' = 2\sin x \cos x = \sin 2x$.

$$(2) y' = \frac{1}{\tan \dfrac{x}{2}}\left(\tan \frac{x}{2}\right)' = \frac{1}{\tan \dfrac{x}{2}}\sec^2 \frac{x}{2}\left(\frac{x}{2}\right)' = \frac{\cos \dfrac{x}{2}}{\sin \dfrac{x}{2}} \cdot \frac{1}{\cos^2 \dfrac{x}{2}} \cdot \frac{1}{2} = \frac{1}{\sin x} = \csc x.$$

例 8　求函数 $y = \dfrac{x}{\sqrt{1 + x^2}}$ 的导数.

解　$y' = \dfrac{x' \cdot \sqrt{1 + x^2} - x(\sqrt{1 + x^2})'}{(\sqrt{1 + x^2})^2} = \dfrac{\sqrt{1 + x^2} - x \cdot \dfrac{2x}{2\sqrt{1 + x^2}}}{1 + x^2} = \dfrac{1}{(1 + x^2)\sqrt{1 + x^2}}$.

例 9　求函数 $y = \sin^n x \cos nx$ 的导数.

解　$y' = (\sin^n x)' \cos nx + \sin^n x (\cos nx)'$

$= n\sin^{n-1} x \cdot \cos x \cdot \cos nx + \sin^n x \cdot (-\sin nx) \cdot n$

$= n\sin^{n-1} x(\cos nx \cos x - \sin nx \sin x)$

$= n\sin^{n-1} x \cos(n + 1)x$.

注意:以上两例综合应用积商求导法则和复合函数求导法则,要注意运算顺序.

在实际问题中,有时遇到几个变量都是时间 t 的函数,这几个变量之间存在某种关系,因而它们的变化率之间也存在一定的关系,可以利用复合函数的求导法则,从其中已知的变化率求出未知的变化率,下面举例说明.

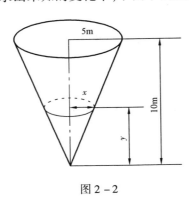

图 2 - 2

例 10 若水以 $2\mathrm{m}^3/\mathrm{min}$ 的速度灌入高为 10m,底面半径为 5m 的圆锥形水槽中(图 2 - 2),问当水深 6m 时,水位的上升速度为多少?

解 设在时间为 t 时,水槽中水的体积为 V,水面半径为 x,水深为 y,则 $V = \dfrac{1}{3}\pi x^2 y$. 又因为 $\dfrac{x}{y} = \dfrac{5}{10}$,所以 $x = \dfrac{1}{2}y$,因此 $V = \dfrac{1}{12}\pi y^3$,两边同时对 t 求导得

$$\frac{\mathrm{d}V}{\mathrm{d}t} = \frac{1}{4}\pi y^2 \frac{\mathrm{d}y}{\mathrm{d}t}$$

将 $\dfrac{\mathrm{d}V}{\mathrm{d}t} = 2\mathrm{m}^3/\mathrm{min}$,$y = 6\mathrm{m}$,代入上式得 $2 = 9\pi\dfrac{\mathrm{d}y}{\mathrm{d}t}$,所以 $\dfrac{\mathrm{d}y}{\mathrm{d}t} = \dfrac{2}{9\pi} \approx 0.071(\mathrm{m}/\mathrm{min})$,即当水深 6m 时,水位的上升速度约为 $0.071(\mathrm{m}/\mathrm{min})$.

三、反函数的求导法则

前面已经得到了常函数、幂函数、对数函数、三角函数的导数公式,下面将介绍反函数的求导法则,来推导出指数函数和反三角函数的导数公式.

定理 3 如果单调连续函数 $x = \varphi(y)$ 在点 y 处可导,且 $\varphi'(y) \neq 0$,那么它的反函数 $y = f(x)$ 在对应的点 x 处可导,且有 $\dfrac{\mathrm{d}y}{\mathrm{d}x} = \dfrac{1}{\dfrac{\mathrm{d}x}{\mathrm{d}y}}$,也可记为 $f'(x) = \dfrac{1}{\varphi'(y)}$.

例 11 求指数函数 $y = a^x(a > 0$ 且 $a \neq 1)$ 的导数.

解 $y = a^x$ 是 $x = \log_a y$ 的反函数,因为函数 $x = \log_a y$ 在 $(0, +\infty)$ 内单调可导,且 $\dfrac{\mathrm{d}x}{\mathrm{d}y} = \dfrac{1}{y\ln a} \neq 0$,所以 $\dfrac{\mathrm{d}y}{\mathrm{d}x} = \dfrac{1}{\dfrac{\mathrm{d}x}{\mathrm{d}y}} = y\ln a = a^x \ln a$,即

$$(a^x)' = a^x \ln a$$

特别的,有

$$(\mathrm{e}^x)' = \mathrm{e}^x$$

例 12 求反正弦函数 $y = \arcsin x$ 的导数$(-1 < x < 1)$.

解 $y = \arcsin x(-1 < x < 1)$ 是 $x = \sin y\left(-\dfrac{\pi}{2} < y < \dfrac{\pi}{2}\right)$ 的反函数,因为函数 $x = \sin y$ 在 $\left(-\dfrac{\pi}{2} < y < \dfrac{\pi}{2}\right)$ 内单调可导,且 $\dfrac{\mathrm{d}x}{\mathrm{d}y} = \cos y \neq 0$,所以有

$$\frac{\mathrm{d}y}{\mathrm{d}x} = \frac{1}{\dfrac{\mathrm{d}x}{\mathrm{d}y}} = \frac{1}{\cos y} = \frac{1}{\sqrt{1 - \sin^2 y}} = \frac{1}{\sqrt{1 - x^2}}$$

即 $$(\arcsin x)' = \frac{1}{\sqrt{1-x^2}}(-1 < x < 1)$$

类似可得 $$(\arccos x)' = -\frac{1}{\sqrt{1-x^2}}(-1 < x < 1)$$

四、初等函数的导数公式与求导法则

为便于查阅和使用,将前面所学过的导数公式和求导法则归纳如下:

1. 初等函数的导数公式

(1) $(C)' = 0$(C 为常数); 　　　　(2) $(x^\mu)' = \mu x^{\mu-1}$;

(3) $(a^x)' = a^x \ln a$; 　　　　(4) $(e^x)' = e^x$;

(5) $(\log_a x)' = \frac{1}{x \ln a}$; 　　　　(6) $(\ln x)' = \frac{1}{x}$;

(7) $(\sin x)' = \cos x$; 　　　　(8) $(\cos x)' = -\sin x$;

(9) $(\tan x)' = \sec^2 x$; 　　　　(10) $(\cot x)' = -\csc^2 x$;

(11) $(\sec x)' = \sec x \tan x$; 　　　　(12) $(\csc x)' = -\csc x \cot x$;

(13) $(\arcsin x)' = \frac{1}{\sqrt{1-x^2}}$; 　　　　(14) $(\arccos x)' = -\frac{1}{\sqrt{1-x^2}}$;

(15) $(\arctan x)' = \frac{1}{1+x^2}$; 　　　　(16) $(\text{arccot} x)' = -\frac{1}{1+x^2}$.

2. 函数的和、差、积、商的求导法则

(1) $(u \pm v)' = u' \pm v'$;

(2) $(uv)' = u'v + uv'$,特别的,$(Cu)' = Cu'$(C 为常数);

(3) $\left(\frac{u}{v}\right)' = \frac{u'v - uv'}{v^2}$($v \neq 0$),特别的,$\left(\frac{C}{v}\right)' = -\frac{Cv'}{v^2}$($C$ 为常数).

3. 复合函数的求导法则

设函数 $y = f(u)$,$u = \varphi(x)$ 均可导,则复合函数 $y = f[\varphi(x)]$ 也可导,且有

$$\frac{dy}{dx} = \frac{dy}{du} \cdot \frac{du}{dx}$$

也可记为 $y'_x = y'_u \cdot u'_x$ 或 $y'(x) = f'(u) \cdot \varphi'(x)$.

4. 反函数的求导法则

设 $y = f(x)$ 是 $x = \varphi(y)$ 的反函数,$y = f(x)$,$x = \varphi(y)$ 均可导,且 $\varphi'(y) \neq 0$,则

$$f'(x) = \frac{1}{\varphi(y)}$$

利用以上求导公式和法则,可以方便地求出一些初等函数的导数.

习题 2-2

1. 求下列函数的导数.

    $(1)y = x^3 - 3x + 2$;

    $(2)y = 3\ln x - \sin x + \cos \dfrac{\pi}{3}$;

    $(3)y = \dfrac{x^3 - 2x + 1}{x}$;

    $(4)y = \mathrm{e}^2 + x^2 \ln a$;

    $(5)y = (\sqrt{x} - 1)(x + 1)$;

    $(6)y = (1 + \cos x)(x - \ln x)$;

    $(7)y = \dfrac{1 + x}{2 - x^2}$;

    $(8)y = \dfrac{x}{1 - \cos x}$;

    $(9)y = x^2 \arcsin x$;

    $(10)y = x\ln x\sin x$.

2. 求下列函数在指定点处的导数.

    $(1)y = (1 + x^2)\ln x$,求 $y'|_{x=1}$;

    $(2)y = 3x^2 + x\cos x - 1$,求 $y'|_{x=-\pi}$;

    $(3)y = \dfrac{1 - \ln x}{1 + \ln x}$,求 $y'|_{x=\mathrm{e}}$;

    $(4)y = (1 + x^3)\left(5 - \dfrac{1}{x^2}\right)$,求 $y'|_{x=1}$.

3. 求下列函数的导数.

    $(1)y = \sin 2x$;

    $(2)y = \cos^2 x$;

    $(3)y = (x^2 - x + 1)^9$;

    $(4)y = \mathrm{e}^{3x}$;

    $(5)y = \tan(x^2 + 1)$;

    $(6)y = \ln\sin x^2$;

    $(7)y = \dfrac{1}{\sqrt{1 - x^2}}$;

    $(8)y = \cos^3(x^2 + 1)$;

    $(9)y = \ln\sqrt{a^2 + x^2}$;

    $(10)y = \sin\sqrt{x} + \sqrt{\sin x}$;

    $(11)y = (x - 1)\sqrt{x^2 + 1}$;

    $(12)y = \ln\sin\sqrt{x}$.

4. 求下列函数在指定点处的导数.

    $(1)f(x) = \arctan\sqrt{x}$,求 $f'(1)$;

    $(2)y = \sqrt{1 + \ln^2 x}$,求 $\dfrac{\mathrm{d}y}{\mathrm{d}x}\Big|_{x=\mathrm{e}}$.

5. 求下列函数的导数.

    $(1)y = \sqrt{1 - x^2}\arccos x$;

    $(2)y = \dfrac{\arcsin x}{x}$;

    $(3)y = \arctan\dfrac{x + 1}{x - 1}$;

    $(4)y = x\arcsin(\ln x)$.

*6. 设函数 $f(x)$ 与 $g(x)$ 均可导,求下列函数的导数.

    $(1)y = \ln f(\sin x)$;

    $(2)y = g(\sqrt{1 + x^2})$.

7. 质量为 m_0 的物质,在化学分解过程中,经过时间 t 以后,所剩物质的质量 m 与时间 t 的函数关系为 $m = m_0 \mathrm{e}^{-kt}$(k 是常数,$k > 0$),试求物质的质量 m 对时间 t 的变化率.

第三节　求　导　方　法

本节先介绍隐函数求导法、对数求导法及参数方程求导法,然后介绍高阶导数,最终解决初等函数的求导问题.

一、隐函数求导法

前面所遇到的函数都是 $y = f(x)$ 的形式,因变量 y 都可以用自变量 x 的一个表达式直接表示出来的函数,所以称为显函数. 但是有些函数关系却是由一个 x 和 y 的二元方程 $F(x,y) = 0$ 所确定,例如,方程 $x - y^3 - 1 = 0$ 中,当 x 在 $(-\infty, +\infty)$ 内取值时,变量 y 都有确定的值与之对应,这样的二元方程确定 y 是 x 的函数,没用 $y = f(x)$ 的形式表示出来,故称之为隐函数.

一般地,如果变量 x 和 y 的函数关系是由一个方程 $F(x,y) = 0$ 所确定,那么这样的函数就称为由方程 $F(x,y) = 0$ 确定的隐函数.

把一个隐函数化成显函数,称为隐函数的显化. 例如,由方程 $x - y^3 - 1 = 0$ 可以解出 $y = \sqrt[3]{x-1}$,就把隐函数化成了显函数. 但有些隐函数的显化是很困难的,有时甚至是不可能的,例如,由方程 $xy - e^x + e^y = 0$ 确定的隐函数就不能显化.

求隐函数的导数,并不需要先化成显函数,而是将方程的两边同时对 x 求导,并注意到 y 是 x 的函数,见 y 利用复合函数的求导法则求导,这样得到一个含 y' 的方程,解出 y' 就可得到隐函数的导数. 下面举例说明.

例1　求由方程 $xy - e^x + e^y = 0$ 所确定的隐函数的导数 $\dfrac{\mathrm{d}y}{\mathrm{d}x}$.

解　方程两边同时对 x 求导,注意到 y 是 x 的函数,e^y 是 x 的复合函数,从而得到

$$y + xy' - e^x + e^y y' = 0$$

从上式解出 y',得 $y' = \dfrac{e^x - y}{e^y + x}$,即 $\dfrac{\mathrm{d}y}{\mathrm{d}x} = \dfrac{e^x - y}{e^y + x}$.

例2　求曲线 $x^2 + 4y^2 = 8$ 在点 $(2, -1)$ 处的切线方程.

解　将方程两边同时对 x 求导,得

$2x + 8yy' = 0$,即 $y' = -\dfrac{x}{4y}$. 所以曲线在点 $(2, -1)$ 处的切线斜率为

$$k = y' \Big|_{\substack{x=2 \\ y=-1}} = -\frac{x}{4y} \Big|_{\substack{x=2 \\ y=-1}} = \frac{1}{2}$$

故所求切线方程为

$$y - (-1) = \frac{1}{2}(x - 2)$$

即

$$x - 2y - 4 = 0$$

二、对数求导法

有时候直接对函数求导比较困难或者非常麻烦,而通过对等式两边同时取对数,变成隐函

数的形式,再利用隐函数的求导法求出它的导数,这种求导方法称为对数求导法. 它可用来解决下面两种类型函数的求导问题.

1. 求幂指函数[形如 $y = u(x)^{v(x)}$]的导数

例 3 求函数 $y = x^{\sin x} (x > 0)$ 的导数.

解 等式两边取自然对数得

$$\ln y = \sin x \ln x$$

两边同时对 x 求导,得

$$\frac{1}{y} y' = \cos x \ln x + \frac{\sin x}{x}$$

所以

$$y' = y\left(\cos x \ln x + \frac{\sin x}{x}\right) = x^{\sin x}\left(\cos x \ln + \frac{\sin x}{x}\right)$$

2. 求多个简单函数的积、商、乘方和开方而构成的复杂函数的导数

例 4 求函数 $y = \sqrt[3]{\dfrac{x(x-1)^2}{(x^2+2)(3-2x)}}$ 的导数.

解 等式两边取自然对数得

$$\ln y = \frac{1}{3}\left[\ln x + 2\ln(x-1) - \ln(x^2+2) - \ln(3-2x)\right]$$

两边同时对 x 求导,得

$$\frac{1}{y} y' = \frac{1}{3}\left(\frac{1}{x} + \frac{2}{x-1} - \frac{2x}{x^2+2} - \frac{-2}{3-2x}\right)$$

所以

$$y' = \frac{1}{3} y\left(\frac{1}{x} + \frac{2}{x-1} - \frac{2x}{x^2+2} + \frac{2}{3-2x}\right)$$

$$= \frac{1}{3}\sqrt[3]{\frac{x(x-1)^2}{(x^2+2)(3-2x)}}\left(\frac{1}{x} + \frac{2}{x-1} - \frac{2x}{x^2+2} + \frac{2}{3-2x}\right)$$

三、参数方程求导法

设参数方程

$$\begin{cases} x = \varphi(t) \\ y = \phi(t) \end{cases} (t \in I)$$

y 与 x 之间的函数关系是通过参数 t 联系起来的. 若函数 $x = \varphi(t)$,$y = \phi(t)$ 均可导,且 $\varphi'(t) \neq 0$ 时,利用复合函数与反函数求导法则,可得 $\dfrac{\mathrm{d}y}{\mathrm{d}x} = \dfrac{\mathrm{d}y}{\mathrm{d}t} \cdot \dfrac{\mathrm{d}t}{\mathrm{d}x} = \dfrac{\mathrm{d}y}{\mathrm{d}t} \cdot \dfrac{1}{\dfrac{\mathrm{d}x}{\mathrm{d}t}} = \dfrac{\phi'(t)}{\varphi'(t)}$,该式也可写成

$$\frac{\mathrm{d}y}{\mathrm{d}x} = \frac{\dfrac{\mathrm{d}y}{\mathrm{d}t}}{\dfrac{\mathrm{d}x}{\mathrm{d}t}}$$

这就是由参数方程所确定的函数的求导公式.

例 5 求参数方程 $\begin{cases} x = a\sec t \\ y = b\tan t \end{cases}$（双曲线方程）所确定的函数 $y = y(x)$ 的导数 $\dfrac{\mathrm{d}y}{\mathrm{d}x}$.

解 因为 $\dfrac{\mathrm{d}x}{\mathrm{d}t} = a\sec t\tan t$，$\dfrac{\mathrm{d}y}{\mathrm{d}t} = b\sec^2 t$，所以 $\dfrac{\mathrm{d}y}{\mathrm{d}x} = \dfrac{\dfrac{\mathrm{d}y}{\mathrm{d}t}}{\dfrac{\mathrm{d}x}{\mathrm{d}t}} = \dfrac{b\sec^2 t}{a\sec t\tan t} = \dfrac{b}{a}\csc t$.

四、高阶导数

如果函数 $y = f(x)$ 的导数 $y' = f'(x)$ 仍是 x 的可导函数，就称 $y' = f'(x)$ 的导数为函数 $y = f(x)$ 的二阶导数，记作 y''、$f''(x)$ 或 $\dfrac{\mathrm{d}^2 y}{\mathrm{d}x^2}$，即 $y'' = (y')'$、$f''(x) = [f'(x)]'$ 或 $\dfrac{\mathrm{d}^2 y}{\mathrm{d}x^2} = \dfrac{\mathrm{d}}{\mathrm{d}x}\left(\dfrac{\mathrm{d}y}{\mathrm{d}x}\right)$.

相应地，把函数 $y = f(x)$ 的导数 $y' = f'(x)$ 称为函数 $y = f(x)$ 的一阶导数.

类似地，二阶导数的导数称为三阶导数，三阶导数的导数称为四阶导数，……，一般地，函数 $y = f(x)$ 的 $n-1$ 阶导数的导数称为 $y = f(x)$ 的 n 阶导数，分别记作

$$y''',\ y^{(4)},\ \cdots,\ y^{(n)} \text{ 或 } f'''(x),\ f^{(4)}(x),\ \cdots,\ f^{(n)}(x) \text{ 或 } \dfrac{\mathrm{d}^3 y}{\mathrm{d}x^3},\ \dfrac{\mathrm{d}^4 y}{\mathrm{d}x^4},\ \cdots,\ \dfrac{\mathrm{d}^n y}{\mathrm{d}x^n}$$

二阶及二阶以上的导数统称为高阶导数，求高阶导数只需要用以前学过的求导方法，从一阶导数开始，逐阶求导，直到所要求的阶数即可.

由于变速直线运动的物体速度 $v = v(t)$ 是位置函数 $s = s(t)$ 对时间 t 的导数，即 $v = \dfrac{\mathrm{d}s}{\mathrm{d}t}$，而加速度 a 是速度 $v = v(t)$ 对时间 t 的导数，即 $a = \dfrac{\mathrm{d}v}{\mathrm{d}t}$，因此，$a = \dfrac{\mathrm{d}}{\mathrm{d}t}\left(\dfrac{\mathrm{d}s}{\mathrm{d}t}\right) = s''(t)$，所以物体的加速度 a 是位置函数 $s = s(t)$ 对时间 t 的二阶导数，这就是二阶导数的物理学意义.

例 6 设 $y = x^3$，求 y'''，$y^{(4)}$.

解 $y' = 3x^2$，$y'' = (3x^2)' = 3 \times 2x = 6x$

$y''' = (y'')' = (3 \times 2x)' = 3 \times 2 \times 1 = 3!$，$y^{(4)} = 0$

一般地，设 $y = x^n$（n 是正整数），则 $y^{(n)} = n!$，$y^{(n+1)} = 0$.

例 7 设 $y = \arctan x$，求 y''.

解
$$y' = \frac{1}{1+x^2}$$

$$y'' = -\frac{(1+x^2)'}{(1+x^2)^2} = -\frac{2x}{(1+x^2)^2}$$

例 8 设一个质点作简谐运动，其运动方程为 $s = A\sin(\omega t + \varphi)$（其中 A、ω、φ 都是常数），求质点的速度和加速度.

解 $v = \dfrac{\mathrm{d}s}{\mathrm{d}t} = A\omega\cos(\omega t + \varphi)$，$a = \dfrac{\mathrm{d}^2 s}{\mathrm{d}t^2} = -A\omega^2\sin(\omega t + \varphi)$.

例 9 求正弦函数 $y = \sin x$ 的 n 阶导数.

解 $y' = \cos x = \sin\left(x + \dfrac{\pi}{2}\right)$

$$y'' = \cos\left(x + \frac{\pi}{2}\right) = \sin\left(x + 2 \cdot \frac{\pi}{2}\right)$$

$$y''' = \cos\left(x + 2 \cdot \frac{\pi}{2}\right) = \sin\left(x + 3 \cdot \frac{\pi}{2}\right)$$

$$\cdots$$

$$y^{(n)} = \sin\left(x + n \cdot \frac{\pi}{2}\right)$$

即

$$(\sin x)^{(n)} = \sin\left(x + n \cdot \frac{\pi}{2}\right)$$

类似可得

$$(\cos x)^{(n)} = \cos\left(x + n \cdot \frac{\pi}{2}\right)$$

例 10 求函数 $y = \ln(1 + x)$ 的 n 阶导数.

解 $y' = \dfrac{1}{1 + x}$

$$y'' = \left(\frac{1}{1+x}\right)' = \left[(1+x)^{-1}\right]' = -1 \cdot (1+x)^{-2}$$

$$y''' = \left[-1 \cdot (1+x)^{-2}\right]' = (-1)(-2)(1+x)^{-3}$$

$$y^{(4)} = \left[(-1)(-2)(1+x)^{-3}\right]' = (-1)(-2)(-3)(1+x)^{-4}$$

$$\cdots$$

$$y^{(n)} = (-1)(-2)(-3)\cdots[-(n-1)](1+x)^{-n} = (-1)^{n-1}\frac{(n-1)!}{(1-x)^n}$$

即

$$\left[\ln(1+x)\right]^{(n)} = (-1)^{n-1}\frac{(n-1)!}{(1+x)^n}$$

下面通过例子简单介绍隐函数及参数方程二阶导数的求法,可推广到更高阶的导数情形.

*例 11 求由方程 $y^2 - xy = 2$ 所确定的隐函数的二阶导数 y''.

解 方程两边同时对 x 求导,得 $2y \cdot y' - y - xy' = 0$,解得 $y' = \dfrac{y}{2y - x}$,两边继续对 x 求导得

$$y'' = \frac{y'(2y - x) - y(2y' - 1)}{(2y - x)^2} = \frac{y - xy'}{(2y - x)^2} = \frac{y - x \cdot \dfrac{y}{2y - x}}{(2y - x)^2} = \frac{2y(y - x)}{(2y - x)^3}$$

对于参数方程,如果函数 $x = \varphi(t)$,$y = \phi(t)$ 具有二阶导数,且 $\varphi'(t) \neq 0$ 时,则由 $y' = \dfrac{\mathrm{d}y}{\mathrm{d}x}$ 可得参数方程 $\begin{cases} x = \varphi(t) \\ y = \phi(t) \end{cases} (t \in I)$ 所确定的函数的二阶导数公式:

$$y'' = \frac{\mathrm{d}^2 y}{\mathrm{d}x^2} = \frac{\dfrac{\mathrm{d}y'}{\mathrm{d}t}}{\dfrac{\mathrm{d}x}{\mathrm{d}t}}$$

*例 12 求参数方程 $\begin{cases} x = \ln(1 + t^2) \\ y = t - \arctan t \end{cases}$ 所确定的函数的二阶导数 $\dfrac{\mathrm{d}^2 y}{\mathrm{d}x^2}$.

解 由 $\dfrac{\mathrm{d}y}{\mathrm{d}t} = 1 - \dfrac{1}{1+t^2} = \dfrac{t^2}{1+t^2}, \dfrac{\mathrm{d}x}{\mathrm{d}t} = \dfrac{2t}{1+t^2}$，得

$$y' = \dfrac{\dfrac{\mathrm{d}y}{\mathrm{d}t}}{\dfrac{\mathrm{d}x}{\mathrm{d}t}} = \dfrac{\dfrac{t^2}{1+t^2}}{\dfrac{2t}{1+t^2}} = \dfrac{t}{2}$$

又

$$\dfrac{\mathrm{d}y'}{\mathrm{d}t} = \dfrac{1}{2}$$

所以

$$y'' = \dfrac{\dfrac{\mathrm{d}y'}{\mathrm{d}t}}{\dfrac{\mathrm{d}x}{\mathrm{d}t}} = \dfrac{\dfrac{1}{2}}{\dfrac{2t}{1+t^2}} = \dfrac{1+t^2}{4t}$$

习题 2-3

1. 求由下列方程所确定的隐函数的导数.

(1) $x^3 + 6xy - y^3 = 0$，求 $\dfrac{\mathrm{d}y}{\mathrm{d}x}$；

(2) $y = 1 + x\mathrm{e}^y$，求 $\dfrac{\mathrm{d}y}{\mathrm{d}x}$；

(3) $x = y + \arctan y$，求 $\dfrac{\mathrm{d}y}{\mathrm{d}x}$；

(4) $y\mathrm{e}^x + \ln y = 1$，求 $\dfrac{\mathrm{d}y}{\mathrm{d}x}$；

(5) $x\cos y = \sin(x+y)$，求 $\dfrac{\mathrm{d}y}{\mathrm{d}x}$；

(6) $y = \cos x + \dfrac{1}{2}\sin y$，求 $\dfrac{\mathrm{d}y}{\mathrm{d}x}$.

2. 求曲线 $x^2 + y^5 - 2xy = 0$ 在点 $(1,1)$ 处的切线方程.

3. 求下列函数的导数.

(1) $y = x^{\mathrm{e}^x}$；

(2) $y = (1+x^2)^{\tan x}$；

(3) $y = \sqrt{\dfrac{(1+x)(x-2)}{x(x-3)}}$；

(4) $y = \dfrac{\sqrt[5]{x-3}\sqrt[3]{3x-2}}{\sqrt{x+2}}$.

4. 求下列参数方程所确定的函数的导数 $\dfrac{\mathrm{d}y}{\mathrm{d}x}$.

(1) $\begin{cases} x = \arctan t \\ y = \ln(1+t^2) \end{cases}$；

(2) $\begin{cases} x = a\cos t \\ y = b\sin t \end{cases}$ (a,b 为常数).

5. 求下列函数的二阶导数.

(1) $y = x^2 + \ln x$；

(2) $y = (1+x^2)\arctan x$；

(3) $x^2 + y^2 = R^2$；

(4) $y = 1 - x\mathrm{e}^y$.

*6. 求下列由参数方程所确定的函数的二阶导数.

(1) $\begin{cases} x = at + b \\ y = \dfrac{1}{2}at^2 + bt \end{cases}$ (a,b 为常数，且 $a \neq 0$)，求 $\dfrac{\mathrm{d}^2 y}{\mathrm{d}x^2}$；

(2) $\begin{cases} x = a(t - \sin t) \\ y = a(1 - \cos t) \end{cases}$ (其中 a 为不等于零的常数)，求 $\dfrac{\mathrm{d}^2 y}{\mathrm{d}x^2}$ 及 $\dfrac{\mathrm{d}^2 y}{\mathrm{d}x^2}\Big|_{t=\frac{\pi}{2}}$.

7. 求下列函数的 n 阶导数.

(1) $y = \mathrm{e}^{2x}$；

(2) $y = x\ln x$；

(3) $y = \sin 2x$；

(4) $y = \dfrac{1-x}{1+x}$.

第四节 微分及其在近似计算中的应用

前面研究了函数的导数,在许多实际问题中,经常遇到与导数相关的一类问题:当自变量有微小增量时,要计算相应函数的增量. 这就是微分近似计算的问题.

一、两个实例

在实际问题中,当分析运动过程时,常常要通过微小的局部运动来寻找运动的规律,因此需要考虑变量的微小改变量. 一般来说,计算函数 $y = f(x)$ 的改变量 Δy 的精确值是较困难的,所以往往需要计算它的近似值,找出简便的计算方法,下面先讨论两个具体例子.

例1 一块正方形金属薄片受温度变化影响时,其边长由 x_0 变到 $x_0 + \Delta x$（图 2-3）,此薄片的面积改变了多少?

解 设此薄片的边长为 x,面积为 A,则 A 是 x 的函数: $A = x^2$. 薄片受温度变化影响时,面积的改变可以看成是当自变量 x 自 x_0 取得增量 Δx 时,函数 A 相应的增量 ΔA,即

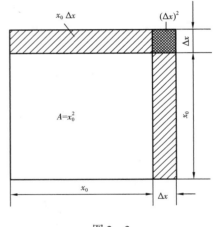

$$\Delta A = (x_0 + \Delta x)^2 - x^2 = 2x_0\Delta x + (\Delta x)^2$$

从上式可以看出,ΔA 可分成两部分:一部分是 $2x_0\Delta x$,它是 Δx 的线性函数,即图中带有斜线的两个矩形面积之和;另一部分是 $(\Delta x)^2$,在图中带有交叉斜线的小正方形的面积. 显然,如图 2-3 所示,$2x_0\Delta x$ 是面

图 2-3

积增量 ΔA 的主要部分,而 $(\Delta x)^2$ 是次要部分,当 $|\Delta x|$ 很小时,$(\Delta x)^2$ 比 $2x_0\Delta x$ 要小得多. 也就是说,当 $|\Delta x|$ 很小时,面积增量 ΔA 可以近似地用 $2x_0\Delta x$ 表示,即

$$\Delta A \approx 2x_0\Delta x$$

由此式作为 ΔA 的近似值,略去的部分 $(\Delta x)^2$ 是比 Δx 高阶的无穷小,即

$$\lim_{\Delta x \to 0} \frac{(\Delta x)^2}{\Delta x} = \lim_{\Delta x \to 0} \Delta x = 0$$

又因为 $A'(x_0) = (x^2)'|_{x=x_0} = 2x_0$,所以 $\Delta A \approx A'(x_0)\Delta x$.

例2 求自由落体物体由时刻 t 到 $t + \Delta t$ 所经过路程 Δs 的近似值.

解 自由落体物体的路程 s 与时间 t 的关系是 $s = \dfrac{1}{2}gt^2$,当时间从 t 变到 $t + \Delta t$ 时,路程 s 有相应的改变量 $\Delta s = \dfrac{1}{2}g(t + \Delta t)^2 - \dfrac{1}{2}gt^2 = gt\Delta t + \dfrac{1}{2}g(\Delta t)^2$.

上式中 $gt\Delta t$ 是 Δt 的线性函数,$\dfrac{1}{2}g(\Delta t)^2$ 是当 $\Delta t \to 0$ 时一个比 Δt 高阶的无穷小,因此,当 $|\Delta t|$ 很小时,可以把 $\dfrac{1}{2}g(\Delta t)^2$ 忽略,而得到路程改变量的近似值为

$$\Delta s \approx gt\Delta t$$

又因为

$$s' = \left(\frac{1}{2}gt^2\right)' = gt$$

所以

$$\Delta s \approx s'\Delta t = gt\Delta t$$

事实上,上式表明当 $|\Delta t|$ 很小时,从 t 到 $t+\Delta t$ 这段时间内物体运动的速度的变化也很小. 因此,在这段时间内,物体的运动可以近似地看作速度为 $s'(t)$ 的匀速运动,于是路程改变量的近似值为 $\Delta s \approx gt\Delta t$.

以上两个问题的实际意义虽然不同,但在数量关系上却有着共同点:函数的改变量可以表示成两部分,一部分为自变量增量的线性部分(即函数增量的主要部分),另一部分是当自变量增量趋于零时,比自变量增量高阶的无穷小,且当自变量绝对值很小时,函数的增量可以由该点的导数与自变量增量的乘积来近似代替. 我们把函数增量的主要部分称为函数的微分,于是函数微分定义如下.

二、微分的概念

定义 若函数 $y = f(x)$ 在点 x_0 的某一邻域内有定义,如果在此邻域内自变量 x 在点 x_0 处有增量 Δx,对应函数的增量 $\Delta y = f(x_0 + \Delta x) - f(x_0)$ 可以表示成

$$\Delta y = A \cdot \Delta x + o(\Delta x)$$

其中 A 是与 Δx 无关的常数,$o(\Delta x)$ 是 Δx 的高阶的无穷小,则称 $A \cdot \Delta x$ 为函数 $y = f(x)$ 在点 x_0 处的微分,记为 $\mathrm{d}y$ 或 $\mathrm{d}f(x_0)$,即 $\mathrm{d}y = A \cdot \Delta x$,或 $\mathrm{d}f(x_0) = A \cdot \Delta x$,这时称函数 $f(x)$ 在点 x_0 处可微.

微分定义中 A 是什么? 从上面例中可以看出 $A = f'(x)$,由此可知微分与导数有着密切的关系,于是,有下述结论.

定理 函数 $y = f(x)$ 在点 x_0 处可微的充分必要条件是函数 $f(x)$ 在点 x_0 处可导,且

$$A = f'(x_0)$$

由上面定理知,函数 $f(x)$ 在点 x 处的微分可写作 $\mathrm{d}y = f'(x)\Delta x$.

当函数 $y = x$ 时,函数的微分 $\mathrm{d}f(x) = \mathrm{d}x = (x)'\Delta x = \Delta x$,即 $\mathrm{d}x = \Delta x$.

因此规定:自变量的微分等于自变量的增量. 这样函数 $y = f(x)$ 的微分可以写成

$$\mathrm{d}y = f'(x)\Delta x = f'(x)\mathrm{d}x$$

或上式两边同除以 $\mathrm{d}x$,有 $\dfrac{\mathrm{d}y}{\mathrm{d}x} = f'(x)$.

由此可见,导数等于函数的微分 $\mathrm{d}y$ 与自变量的微分 $\mathrm{d}x$ 之商,即 $f'(x) = \dfrac{\mathrm{d}y}{\mathrm{d}x}$. 因此,导数也称"微商",故 $\dfrac{\mathrm{d}y}{\mathrm{d}x}$ 也常常被用作导数的符号.

应当注意,微分与导数虽然有着密切的联系,但它们是有区别的:导数是函数在一点处的变化率,而微分是函数在一点处由自变量增量所引起的函数变化的主要部分;导数的值只与 x 有关,而微分的值与 x 和 Δx 都有关.

例 3 求函数 $y = x^2$ 在 $x = 1$,$\Delta x = 0.1$ 时的改变量及微分.

解 $\Delta y = (x + \Delta x)^2 - x^2 = 1.1^2 - 1^2 = 0.21$;在点 $x = 1$ 处,$y'|_{x=1} = 2x|_{x=1} = 2$,所以 $\mathrm{d}y = y'\Delta x = 2 \times 0.1 = 0.2$.

例 4 半径为 r 的球,其体积为 $V = \dfrac{4}{3}\pi r^3$,当半径增大 Δr 时,求体积的改变量及微分.

解 体积的改变量为

$$\Delta V = \frac{4}{3}\pi(r + \Delta r)^3 - \frac{4}{3}\pi r^3 = 4\pi r^2 \Delta r + 4\pi r(\Delta r)^2 + \frac{4}{3}\pi(\Delta r)^3$$

显然有 $\Delta V = 4\pi r^2 \Delta r + o(\Delta r)$,所以体积的微分为 $\mathrm{d}V = 4\pi r^2 \Delta r$.

三、微分的几何意义

为了对微分有比较直观的了解,现说明微分的几何意义.

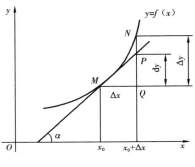

设函数 $y = f(x)$ 的图形如图 2-4 所示,MP 是曲线上点 $M(x_0, y_0)$ 处的切线,设 MP 的倾角为 α. 当自变量 x 有改变 Δx 时,得到曲线上另一点 $N(x_0 + \Delta x, y_0 + \Delta y)$,从图 2-4 可知,$MQ = \Delta x$,$QN = \Delta y$,则有 $QP = MQ \cdot \tan\alpha = f'(x_0)\Delta x$,即 $\mathrm{d}y = QP$.

图 2-4

由此可知,微分 $\mathrm{d}y = f'(x)\Delta x$ 是当 x 有改变量 Δx 时,曲线 $y = f(x)$ 在点 (x_0, y_0) 处的切线的纵坐标的改变量. 用 $\mathrm{d}y$ 近似代替 Δy 就是用点 $M(x_0, y_0)$ 处的切线的纵坐标的改变量 $|QP|$ 来近似代替曲线 $y = f(x)$ 的纵坐标的改变量 $|QN|$,并且有 $|\Delta y - \mathrm{d}y| = |PN|$.

四、微分的运算法则

因为函数 $y = f(x)$ 的微分等于导数 $f'(x)$ 乘以 $\mathrm{d}x$,所以根据导数公式和导数运算法则,就能得到相应的微分公式和微分运算法则.

1. 微分基本公式

(1) $\mathrm{d}(C) = 0$(C 为常数);

(2) $\mathrm{d}(x^\mu) = \mu x^{\mu-1}\mathrm{d}x$;

(3) $\mathrm{d}(a^x) = a^x \ln a\,\mathrm{d}x$;

(4) $\mathrm{d}(e^x) = e^x \mathrm{d}x$;

(5) $\mathrm{d}(\log_a x) = \dfrac{1}{x\ln a}\mathrm{d}x$;

(6) $\mathrm{d}(\ln x) = \dfrac{1}{x}\mathrm{d}x$;

(7) $\mathrm{d}(\sin x) = \cos x\,\mathrm{d}x$;

(8) $\mathrm{d}(\cos x) = -\sin x\,\mathrm{d}x$;

(9) $\mathrm{d}(\tan x) = \sec^2 x\,\mathrm{d}x$;

(10) $\mathrm{d}(\cot x) = -\csc^2 x\,\mathrm{d}x$;

(11) $\mathrm{d}(\sec x) = \sec x\tan x\,\mathrm{d}x$;

(12) $\mathrm{d}(\csc x) = -\csc x\cot x\,\mathrm{d}x$;

(13) $\mathrm{d}(\arcsin x) = \dfrac{1}{\sqrt{1-x^2}}\mathrm{d}x$;

(14) $\mathrm{d}(\arccos x) = -\dfrac{1}{\sqrt{1-x^2}}\mathrm{d}x$;

(15) $\mathrm{d}(\arctan x) = \dfrac{1}{1+x^2}\mathrm{d}x$;

(16) $\mathrm{d}(\text{arccot}\,x) = -\dfrac{1}{1+x^2}\mathrm{d}x$.

2. 函数的和、差、积、商的微分运算

设 $u = u(x)$, $v = v(x)$ 可导, 则有

(1) $\mathrm{d}(u \pm v) = \mathrm{d}u \pm \mathrm{d}v$;

(2) $\mathrm{d}(uv) = u\mathrm{d}v + v\mathrm{d}u$, 特别的, $\mathrm{d}(Cu) = C\mathrm{d}u$($C$ 为常数);

(3) $\mathrm{d}\left(\dfrac{u}{v}\right) = \dfrac{v\mathrm{d}u - u\mathrm{d}v}{v^2}$($v \neq 0$).

3. 复合函数的微分法则

复合函数的微分法则:设函数 $y = f(u)$, $u = \varphi(x)$ 均可导, 则复合函数 $y = f[\varphi(x)]$ 的微分为

$$\mathrm{d}y = y'_x \mathrm{d}x = f'(u)\varphi'(x)\mathrm{d}x$$

由于 $\varphi'(x)\mathrm{d}x = \mathrm{d}u$, 所以复合函数 $y = f[\varphi(x)]$ 的微分也可以写成

$$\mathrm{d}y = f'(u)\mathrm{d}u$$

由此可见, 无论 u 是自变量还是另一个变量的可微函数(即中间变量), 微分形式 $\mathrm{d}y = f'(u)\mathrm{d}u$ 保持不变. 这一性质称为**一阶微分形式的不变性**.

例 5 设 $y = \cos\sqrt{x}$, 求 $\mathrm{d}y$.

解法一 由公式 $\mathrm{d}y = f'(x)\mathrm{d}x$, 得

$$\mathrm{d}y = (\cos\sqrt{x})'\mathrm{d}x = -\frac{1}{2\sqrt{x}}\sin\sqrt{x}\,\mathrm{d}x$$

解法二 由一阶微分形式不变性, 得

$$\mathrm{d}y = \mathrm{d}(\cos\sqrt{x}) = -\sin\sqrt{x}\,\mathrm{d}\sqrt{x} = -\sin\sqrt{x}\cdot\frac{1}{2\sqrt{x}}\mathrm{d}x = -\frac{1}{2\sqrt{x}}\sin\sqrt{x}\,\mathrm{d}x.$$

例 6 设 $y = \mathrm{e}^{\sin x}$, 求 $\mathrm{d}y$.

解法一 由公式 $\mathrm{d}y = f'(x)\mathrm{d}x$, 得

$$\mathrm{d}y = (\mathrm{e}^{\sin x})'\mathrm{d}x = \mathrm{e}^{\sin x}\cos x\,\mathrm{d}x$$

解法二 由一阶微分形式不变性, 得

$$\mathrm{d}y = \mathrm{d}(\mathrm{e}^{\sin x}) = \mathrm{e}^{\sin x}\mathrm{d}(\sin x) = \mathrm{e}^{\sin x}\cos x\,\mathrm{d}x$$

例 7 求方程 $x^2 + 2xy - y^2 = a^2$ 确定的隐函数 $y = y(x)$ 的微分 $\mathrm{d}y$ 及导数 $\dfrac{\mathrm{d}y}{\mathrm{d}x}$.

解 对方程两边求微分, 得

$$2x\mathrm{d}x + 2(y\mathrm{d}x + x\mathrm{d}y) - 2y\mathrm{d}y = 0$$

即

$$(x + y)\mathrm{d}x = (y - x)\mathrm{d}y$$

所以

$$\mathrm{d}y = \frac{y + x}{y - x}\mathrm{d}x$$

$$\frac{\mathrm{d}y}{\mathrm{d}x} = \frac{y + x}{y - x}$$

五、微分在近似计算中的应用

函数微分是函数增量的线性主部,这就是说,当 $|\Delta x|$ 很小时,函数的增量可用其微分来近似代替,即

$$\Delta y = f(x_0 + \Delta x) - f(x_0) \approx f'(x_0)\Delta x \qquad (2-4)$$

由于 dy 比 Δy 容易计算,且误差小,所以上式很有实用价值. 下面来研究微分在近似计算中的应用.

1. 计算函数增量的近似值

由式(2-4)可得

$$\Delta y \approx dy = f'(x_0)\Delta x \qquad (|\Delta x| \text{较小}) \qquad (2-5)$$

例 8 半径为10cm的金属圆片加热后,半径增加了0.05cm,问面积增大了多少?

解 设圆片半径为 r,则圆片面积为 $A = \pi r^2$,于是有

$$dA = 2\pi r\Delta r$$

当 $r = 10\text{cm}, \Delta r = 0.05\text{cm}$ 时,由式(2-5)得

$$\Delta A \approx dA = 2\pi r\Delta r = 2\pi \times 10 \times 0.05 = \pi(\text{cm}^2)$$

即面积增大了约 $\pi\ \text{cm}^2$.

2. 计算函数值的近似值

由式(2-4)可得

$$f(x_0 + \Delta x) \approx f(x_0) + f'(x_0)\Delta x \qquad (|\Delta x| \text{较小}) \qquad (2-6)$$

利用上式可计算函数 $f(x)$ 在点 x_0 附近的近似值.

例 9 计算 $\sin 45°30'$ 的近似值.

解 设 $f(x) = \sin x$,则 $f'(x) = \cos x$,且 $45°30' = \dfrac{\pi}{4} + \dfrac{\pi}{360}$,即 $x_0 = \dfrac{\pi}{4}$,$\Delta x = \dfrac{\pi}{360}$. 由式 (2-6),得

$$\sin 45°30' = \sin\left(\frac{\pi}{4} + \frac{\pi}{360}\right) \approx \sin\frac{\pi}{4} + \cos\frac{\pi}{4} \cdot \frac{\pi}{360} \approx 0.7071 + 0.0062 = 0.7133$$

在式(2-6)中,令 $x_0 = 0, \Delta x = x$,得

$$f(x) \approx f(0) + f'(0)x \qquad (|\Delta x| \text{较小}) \qquad (2-7)$$

由式(2-7)可求 $f(x)$ 在 $x = 0$ 处附近的近似值,同时可推出如下近似公式 $(|\Delta x|$ 较小):

(a) $\sqrt[n]{1+x} \approx 1 + \dfrac{1}{n}x$;

(b) $\sin x \approx x$(x 用弧度作单位);

(c) $\tan x \approx x$(x 用弧度作单位);

(d) $e^x \approx 1 + x$;

(e) $\ln(1+x) \approx x$.

例 10　求下列各式的近似值.

(1) $\sqrt{1.02}$；　　　　(2) $\sqrt[4]{255}$；　　　　(3) $\ln 0.98$.

解　(1) 由式(2-7) 的近似公式(a),当 $n=2$ 时,有

$$\sqrt{1.02} = \sqrt{1+0.02} \approx 1 + \frac{1}{2} \times 0.02 = 1.01$$

(2) 由式(2-7) 的近似公式(a),当 $n=4$ 时,有

$$\sqrt[4]{255} = \sqrt[4]{256-1} = \sqrt[4]{256 \times \left(1 - \frac{1}{256}\right)} = 4\sqrt[4]{1 - \frac{1}{256}} \approx 4\left[1 + \frac{1}{4} \times \left(-\frac{1}{256}\right)\right] \approx 3.996$$

(3) 由式(2-7) 的近似公式(e),得

$$\ln 0.98 = \ln[1+(-0.02)] \approx -0.02$$

在解决实际问题时,为了简化计算,经常要用到一些近似公式. 由微分得到的上述近似公式为解决近似计算中的某些问题提供了较好的方法.

习题　2-4

1. 分别求出函数 $f(x) = x^2 - 3x + 5$ 在 $x=1$ 处的增量及微分.

　　(1) $\Delta x = 1$；　　　　(2) $\Delta x = 0.1$；　　　　(3) $\Delta x = 0.01$.

对上述结果加以比较,是否能得出结论:$|\Delta x|$ 越小,增量与微分误差越小.

2. 求下列函数在给定条件下的增量和微分.

　　(1) $y = 2x + 1$, x 从 0 变到 0.02；

　　(2) $y = x^2 + 2x + 3$, x 从 2 变到 1.99.

3. 求下列函数的微分.

　　(1) $y = x^3 + 1$；　　　　　　　　(2) $y = \sqrt{x} - x$；

　　(3) $y = e^{\sin 2x}$；　　　　　　　　(4) $y = (4 - x^2)^2$；

　　(5) $y = \arctan e^x$；　　　　　　　(6) $y = e^{-x}\cos x$；

　　(7) $y = \dfrac{x+1}{x-1}$；　　　　　　　(8) $y = \dfrac{\ln x}{\sqrt{x}}$.

4. 将适当的函数填入下列括号内,使等式成立.

　　(1) $\cos x\,\mathrm{d}x = \mathrm{d}(\quad)$；　　　　　　(2) $(2x+1)\,\mathrm{d}x = \mathrm{d}(\quad)$；

　　(3) $e^x\,\mathrm{d}x = \mathrm{d}(\quad)$；　　　　　　　(4) $\mathrm{d}(\quad) = \dfrac{1}{x}\,\mathrm{d}x$；

　　(5) $\mathrm{d}(\quad) = \dfrac{1}{1+x^2}\,\mathrm{d}x$；　　　　(6) $\mathrm{d}(\quad) = \sin x\,\mathrm{d}x$；

　　(7) $\mathrm{d}(\quad) = 3x\,\mathrm{d}x$；　　　　　　　(8) $\mathrm{d}(\quad) = \cos \omega x\,\mathrm{d}x$；

　　(9) $\mathrm{d}(\quad) = \dfrac{1}{1+x}\,\mathrm{d}x$；　　　　(10) $\mathrm{d}(\quad) = e^{-2x}\,\mathrm{d}x$；

　　(11) $\mathrm{d}(\quad) = \dfrac{1}{\sqrt{x}}\,\mathrm{d}x$；　　　　(12) $\mathrm{d}(\quad) = \sec^2 3x\,\mathrm{d}x$.

5. 计算下列函数的近似值.

(1) $\sin 0.03$； (2) $\tan 0.04$；

(3) $e^{0.05}$； (4) $\ln 1.02$；

(5) $\sqrt[5]{1.003}$； (6) $e^{1.01}$.

6. 已知一正方体的棱长为 $10m$，如果它的棱长增加 $0.1m$，求体积增加的精确值与近似值.

7. 有一批半径为 $1cm$ 钢球，为了提高钢球表面的光洁度，要镀上厚为 $0.01cm$ 的一层铜，若铜的密度为 $8.9g/cm^3$，试求每个钢球需用多少克铜？

8. 当 $|x|$ 很小时，证明：

(1) $(1+x)^{\alpha} \approx 1 + \alpha x$； (2) $\arctan x \approx x$.

复 习 题 二

1. 选择题.

(1) 曲线 $y = \ln x$ 上点 $(1,0)$ 处的切线与 x 轴的交角为（　）.

A. $\dfrac{\pi}{2}$ B. $\dfrac{\pi}{3}$ C. $\dfrac{\pi}{4}$ D. $\dfrac{\pi}{6}$

(2) 曲线 $y = x + e^x$ 在 $x = 0$ 处的切线方程为（　）.

A. $y = 2x + 1$ B. $y = 2x + 2$ C. $y = x + 1$ D. $y = x + 2$

(3) 设 $f(x) = x^2 \sin(2-x)$，则 $f'(2) = $（　）.

A. 0 B. 8 C. 4 D. -4

(4) 设 $y = e^{2x}$，则 $y' = $（　）.

A. e^{2x} B. $2e^{2x}$ C. $2xe^{2x-1}$ D. $2e^{2x-1}$

(5) 设 $= xe^x$，则 $dy = $（　）.

A. $(x - xe^x)dx$ B. $e^x(1+x)dx$ C. $(1 + e^x)dx$ D. $e^x dx$

*(6) 若函数 $f(x)$ 在 $x = x_0$ 处可导，则 $\lim\limits_{h \to 0} \dfrac{f(x_0 - h) - f(x_0)}{h} = $（　）.

A. $f'(x_0)$ B. $-f'(x_0)$ C. $f(x_0)$ D. $-f(x_0)$

(7) $f(x)$ 在点 x_0 的左导数 $f'_-(x_0)$ 及右导数 $f'_+(x_0)$ 都存在且相等是 $f(x)$ 在点 x_0 可导的（　）.

A. 充分条件 B. 必要条件
C. 充要条件 D. 既不充分又不必要条件

2. 填空题.

(1) 某物体作直线运动，运动方程为 $s = 3t^2 - 5t$，该物体在 $t = 2s$ 时的加速度是 _____.

(2) 若 $y = \sin 2 + x^2 + 2^x$，则 $\dfrac{dy}{dx} = $ _____.

(3) 设函数 $y = f(x)$ 由方程 $xy + \ln y = 1$ 所确定，则 $dy = $ _____.

*(4) 设 $f(0) = 0, f'(0)$ 存在，则 $\lim\limits_{x \to 0} = \dfrac{f(x)}{x} = $ _____.

（5）若 $f(x)$ 可导，则 $[f(2x)]' = $ _____．

*（6）设函数 $f(x) = \begin{cases} x^2, x \leq 1 \\ ax + b, x > 1 \end{cases}$ 在点 $x = 1$ 处连续且可导，则 $a = $ _____，$b = $ _____．

3. 求下列函数的导数．

（1）$y = x^2 - \sqrt{x} + \cos\dfrac{\pi}{4}$；

（2）$y = 2\tan x + \sec x - 3$；

（3）$y = e^x(x^2 - 2x + 3)$；

（4）$y = \dfrac{\arcsin x}{x}$；

（5）$y = \sin(3 - 2x)$；

（6）$y = \arcsin\sqrt{x}$；

（7）$y = \ln(x + \sqrt{x^2 + 5})$；

（8）$y = \ln\sqrt{\dfrac{1 + \sin x}{1 - \sin x}}$；

（9）$y = (1 + x^2)^x$；

（10）$y = \dfrac{\sqrt{x + 1}}{\sqrt[3]{x^2 + 2}}$．

4. 求下列函数在给定点的导数．

（1）$f(x) = \ln\tan x$，求 $f'\left(\dfrac{\pi}{6}\right)$；

（2）$f(t) = \dfrac{t - \sin t}{t + \sin t}$，求 $f'\left(\dfrac{\pi}{2}\right)$；

*（3）$f(x) = x\sqrt{\dfrac{1 - x}{1 + x}}$，求 $f'\left(\dfrac{1}{2}\right)$；

（4）已知 $y\sin x - \cos(x + y) = 0$，求 $\dfrac{dy}{dx}\bigg|_{\substack{x=0 \\ y=\frac{\pi}{2}}}$．

5. 求下列函数的微分．

（1）$y = \ln\sec 3x$；

（2）$y = \arctan\sqrt{x^2 - 1}$；

（3）$y = \cos^3(1 - 2x)$；

（4）$y = \dfrac{x}{\sqrt{x^2 + 1}}$．

6. 已知参数方程 $\begin{cases} x = \ln(1 + t^2) \\ y = t + \text{arccot}\, t \end{cases}$，求 $\dfrac{dy}{dx}$ 及 $\dfrac{d^2 y}{dx^2}$．

7. 求由方程 $x^y = y^x$ 确定的隐函数的导数 $\dfrac{dy}{dx}$．

8. 证明：双曲线 $xy = a^2$ 上任一点处的切线与两坐标轴构成的三角形的面积都等于 $2a^2$．

*9. 如果 $f(x)$ 在 $x = x_0$ 处可导，求：

（1）$\lim\limits_{h \to 0} \dfrac{f(x_0 + 2h) - f(x_0 - h)}{h}$；

（2）$\lim\limits_{\Delta x \to 0} \dfrac{f(x_0 + \Delta x) - f(x_0 - \Delta x)}{\Delta x}$．

10. 一平面圆环形，其内半径为 10cm，宽为 0.1cm，求其面积的精确值与近似值．

自测题二

一、判断题（每题 6 分，共 4 题，总分 24 分）．

1. 若 $f'(1) = 2$，则 $\lim\limits_{h \to 0} \dfrac{f(1 + 2h) - f(1)}{h} = -2$．

2. $y = x^2 + e^x$ 在 $(0,1)$ 处的切线为 $y = x + 1$．

3. $f(x) = \cos x$，$f'(0) = 1$．

4. $y = x^2 + e^2$，则 $y' = 2x + 2e$.

二、填空题（每题 12 分，共 3 题，总分 36 分）.

1. $y = x^3$ 在 $x = 2$ 处的切线方程是_____.

2. $f(x) = e^{2x} + \cos x$，则 $f''(0) = $_____.

3. $y = x^2 + 3\sin x - 2\ln x$，则 $dy = $_____.

三、计算（每题 20 分，共 2 题，总分 40 分）.

1. $y = x^3 e^{2x} + \sin 3x$，求 y' 及 dy.

2. $y = 4\cos x - 2\ln x - 3e^x$，求 y'.

第三章 导数的应用

微分学在自然科学与工程技术上都有着极其广泛的应用.本章将以中值定理为理论基础,以导数为工具,探讨未定型极限的方法——洛必达法则;判断函数的单调性;求函数的极值;讨论函数曲线的凹凸性、拐点等,进而完成函数图像的画法.最终利用导数的相关知识解决一些实际问题.

第一节 中值定理及函数的单调性

一、中值定理

1. 罗尔(Rolle)定理

定理1 如果函数 $f(x)$ 满足下列条件:

(1)在闭区间 $[a,b]$ 上连续;

(2)在开区间 (a,b) 内可导;

(3) $f(a) = f(b)$;

则在 (a,b) 内至少存在一点 ξ,使得 $f'(\xi) = 0$.

该定理由法国数学家罗尔提出.它的几何意义是:如果连续曲线除端点外处处都有不垂直于 x 轴的切线,两端点处纵坐标相同,那么该曲线上至少存在一点,曲线在该点处的切线平行于 x 轴(图 3 – 1).

注意:罗尔定理中的三个条件缺一不可,否则结论不一定成立(读者试举例说明,画图也可).

例1 验证罗尔定理函数 $f(x) = x^2 - 2x$ 在 $[0,2]$ 上的正确性.

解 因为初等函数 $f(x) = x^2 - 2x$ 在定义域 $(-\infty, +\infty)$ 内连续,所以 $f(x)$ 在 $[0,2]$ 上连续,并且在 $(0,2)$ 内可导,又由于 $f(0) = f(2) = 0$,

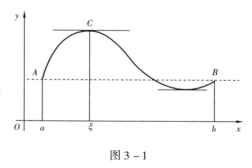

图 3 – 1

故该函数在 $[0,2]$ 上满足罗尔定理的条件.

又 $f'(x) = 2x - 2$,令 $f'(x) = 0$,即 $2x - 2 = 0$,解得 $x = 1$,即在 $(0,2)$ 内存在一点 $\xi = 1$,使得 $f'(\xi) = 0$,

由 ξ 的存在验证了罗尔定理的正确性.

2. 拉格朗日(Lagrange)定理

定理2 如果函数 $f(x)$ 满足下列条件:

(1)在闭区间 $[a,b]$ 上连续;

(2)在开区间 (a,b) 内可导;则在 (a,b) 内至少存在一点 ξ,使得 $f'(\xi) = \dfrac{f(b) - f(a)}{b - a}$.

需要指出的是,当 $f(a) = f(b)$ 时,拉格朗日定理就是罗尔定理,因此,拉格朗日定理是罗

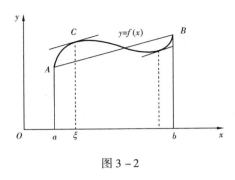

图 3 - 2

尔定理的推广,罗尔定理是拉格朗日定理的特殊情形.

拉格朗日定理的几何意义是:如果连续曲线 $y = f(x)$ 的弦 AB 除端点外处处有不垂直于 x 轴的切线,那么在这弧上至少有一点 C,使得在点 C 处的切线平行于弦 AB(图 3 - 2).

推论 设 $f(x)$ 在 (a, b) 内导数恒等于零[即 $f'(x) \equiv 0$],则 $f(x)$ 在 (a, b) 内是一个常数,即 $f(x) = C$.

证明 设 x_1, x_2 是区间 (a, b) 内任意两点,且 $x_1 < x_2$,则 $f(x)$ 在区间 $[x_1, x_2]$ 上满足拉格朗日中值定理的条件,从而有

$$f(x_2) - f(x_1) = f'(\xi)(x_2 - x_1) \quad (x_1 < \xi < x_2)$$

由已知条件,有 $f'(\xi) = 0$,所以 $f(x_2) - f(x_1) = 0$,即 $f(x_2) = f(x_1)$.

由 x_1, x_2 的任意性,可得 $f(x)$ 在 (a, b) 内是一个常数.

通过前文,已经知道常数的导数等于零,现在由推论可知,导数等于零的函数也一定是常数.

例 2 验证拉格朗日定理对于函数 $f(x) = x^3$ 在区间 $[0, 1]$ 上的正确性.

证明 初等函数 $f(x) = x^3$ 在定义域 $(-\infty, +\infty)$ 内连续,因而它在区间 $[0, 1]$ 上连续,又因为 $f(x) = x^3$ 在区间 $(0, 1)$ 内可导且 $f'(x) = 3x^2$,可知该函数在 $[0, 1]$ 上满足拉格朗日定理的条件.

由 $\dfrac{f(1) - f(0)}{1 - 0} = f'(\xi)$,可得 $3\xi^2 - 1 = 0$,解得 $\xi = \pm\dfrac{\sqrt{3}}{3}$,由于 $0 < \xi < 1$,因而 $\xi = -\dfrac{\sqrt{3}}{3}$ 舍去,所以 $\xi = \dfrac{\sqrt{3}}{3}$ 满足定理的要求.

例 3 证明:$\arctan x + \mathrm{arccot} x = \dfrac{\pi}{2}(-\infty < x < +\infty)$.

证明: 设 $f(x) = \arctan x + \mathrm{arccot} x (-\infty < x < +\infty)$,则

$$f'(x) = \frac{1}{1 + x^2} - \frac{1}{1 + x^2} = 0$$

由推论知,在 $(-\infty, +\infty)$ 内恒有 $f(x) = C$.

又因为 $f(0) = \arctan 0 + \mathrm{arccot} 0 = \dfrac{\pi}{2}$,所以 $C = \dfrac{\pi}{2}$,即

$$\arctan x + \mathrm{arccot} x = \frac{\pi}{2} \quad (-\infty < x < +\infty)$$

3. 柯西(Cauchy)定理

定理 3 若两函数 $f(x)$、$g(x)$ 满足如下条件,则在 (a, b) 内至少存在一点 ξ,使得 $\dfrac{f'(\xi)}{g'(\xi)} = \dfrac{f(b) - f(a)}{g(b) - g(a)}$.

(1)在闭区间 $[a, b]$ 上连续;

(2)在开区间 (a, b) 内可导,且 $g'(x) \neq 0$.

当 $g(x) = x$ 时,柯西定理就是拉格朗日定理,因此柯西定理是拉格朗日定理的推广.

罗尔定理、拉格朗日定理、柯西定理统称为**微分中值定理**,它们是本章的理论基础,特别是拉格朗日定理,是利用导数研究函数的有力工具.

二、函数单调性

第一章已经给出了函数单调性的定义,但利用定义判断函数的单调性一般比较困难,而利用导数就可以很容易地判断函数的单调性.

从图 3 – 3 可以看出,如果函数 $y = f(x)$ 在区间 $[a, b]$ 上单调增加,那么它的图像是一条沿 x 轴正方向上升的曲线,这时曲线上各点处切线的倾斜角 α 都是锐角,从而切线的斜率 $\tan\alpha$ 都是正的,即 $f'(x) > 0$;类似地,从图 3 – 4 可以看出,如果函数 $y = f(x)$ 在区间 $[a, b]$ 上单调减少,那么它的图像是一条沿 x 轴正方向下降的曲线,这时曲线上各点处切线的倾斜角 α 都是钝角,从而切线的斜率 $\tan\alpha$ 是负的,即 $f'(x) < 0$.

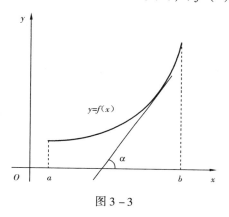
图 3 – 3

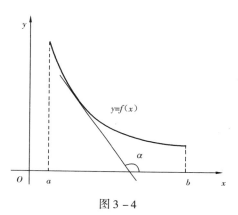
图 3 – 4

这说明了函数的单调性与导数的正负号之间有着密切的联系.下面,给出利用导数判定函数单调性的定理.

定理 4 若函数 $f(x)$ 在闭区间 $[a, b]$ 上连续,在开区间 (a, b) 内可导.

(1)如果在 (a, b) 内 $f'(x) > 0$,则 $f(x)$ 在 $[a, b]$ 上单调增加;

(2)如果在 (a, b) 内 $f'(x) < 0$,则 $f(x)$ 在 $[a, b]$ 上单调减少.

注意:若 $f'(x) \geq 0 (\leq 0)$ 且使 $f'(x) = 0$ 的点仅是一些孤立点,则 $f(x)$ 在 $[a, b]$ 上仍然单调增加(减少),例如函数 $y = x^3, y' = 3x^2 \geq 0$(当且仅当 $x = 0$ 时等号成立),$y = x^3$ 在整个定义域 $(-\infty, +\infty)$ 上是单调增加的.

定义 使 $f'(x) = 0$ 的点 x,称为 $f(x)$ 的驻点.

例 4 求函数 $f(x) = x^3 - 3x^2 - 9x + 1$ 的单调区间.

解 (1)$f(x)$ 的定义域为 $(-\infty, +\infty)$.

(2)$f'(x) = 3x^2 - 6x - 9 = 3(x^2 - 2x - 3) = 3(x + 1)(x - 3)$,令 $f'(x) = 0$,得驻点 $x_1 = -1$,$x_2 = 3$.

(3)列表.

表 3 – 1

x	$(-\infty, -1)$	-1	$(-1, 3)$	3	$(3, +\infty)$
$f'(x)$	+	0	−	0	+
$f(x)$	↗	6	↘	26	↗

所以 $f(x)$ 的单调增加区间为 $(-\infty,-1]\cup[3,+\infty)$，$f(x)$ 的单调减少区间为 $[-1,3]$.

注意：单调区间的分界点可能是 $f'(x)=0$ 的点，也可能是 $f'(x)$ 不存在的点. 例如函数 $y=|x|$ 在 $x=0$ 处不可导，但在 $[-\infty,0)$ 上单调减少，在 $[0,+\infty)$ 上单调增加.

例 5 求函数 $y=x-\dfrac{3}{2}\sqrt[3]{x^2}$ 的单调区间.

解 函数的定义域为 $(-\infty,+\infty)$，$f'(x)=1-x^{-\frac{1}{3}}=1-\dfrac{1}{\sqrt[3]{x}}$.

令 $y'=0$，得驻点 $x=1$；此外当 $x=0$ 时，y' 不存在. 列表 3 – 2 如下.

表 3 – 2

x	$(-\infty,0)$	0	$(0,1)$	1	$(1,+\infty)$
y'	+	不存在	–	0	+
y	↗		↘		↗

所以，$f(x)$ 的单调增加区间为 $(-\infty,0]$ 和 $[1,+\infty]$，单调减少区间为 $[0,1]$.

利用函数的单调性，可以证明一些不等式.

例 6 证明：当 $x>0$ 时，$\sin x<x$.

证明 设 $f(x)=\sin x-x$，则 $f'(x)=\cos x-1\leqslant0$ [等号当且仅当 $x=2k\pi(k\in Z)$ 成立]，所以函数 $f(x)$ 在 $[0,+\infty)$ 上单调减少，从而当 $x>0$ 时，$f(x)<f(0)=0$，即

$$\sin x-x<0$$

因此，当 $x>0$ 时，$\sin x<x$.

习题　3 – 1

1. 验证罗尔定理对函数 $f(x)=x^3-x+1$ 在区间 $[0,1]$ 上的正确性.

2. 验证函数 $f(x)=\sqrt{x}-1$ 在区间 $[1,4]$ 上满足拉格朗日定理的条件，并求出定理中 ξ 的值.

3. 证明恒等式 $\arcsin x+\arccos x=\dfrac{\pi}{2}\ (-1\leqslant x\leqslant1)$.

4. 证明下列不等式.

    （1）当 $x>0$ 时，$e^x>1+x$；

    （2）当 $x>0$ 时，$\ln(1+x)>x$；

    （3）当 $x>0$ 时，$\arctan x<x$.

5. 求下列函数的单调区间.

    （1）$f(x)=x^3-6x^2$；   （2）$f(x)=x+x^3$；

    （3）$f(x)=x^4-8x^2+2$；   （4）$f(x)=xe^x$；

    （5）$f(x)=2x^2-\ln x$；   （6）$f(x)=\sqrt[3]{(x-1)^2}$.

第二节　洛必达法则

当 $x \to 0$ 时，$x, x^2, \sin x$ 均为无穷小量，但是 $\lim\limits_{x \to 0} \dfrac{\sin x}{x} = 1$，而 $\lim\limits_{x \to 0} \dfrac{x}{x^2} = \infty$. 对于这一类极限，即使它存在，也不能用"商的极限等于极限的商"这一法则. 下面将利用洛必达法则来解决这一问题.

首先介绍未定式，当 $x \to a$（或 $x \to \infty$）时，如果两个函数 $f(x)$ 与 $F(x)$ 都趋于零或趋于无穷大，那么，它们的比的极限 $\lim\limits_{\substack{x \to a \\ (x \to \infty)}} \dfrac{f(x)}{F(x)}$ 可能存在，也可能不存在. 通常把这种极限叫作**未定式**，并分别简记为"$\dfrac{0}{0}$"或"$\dfrac{\infty}{\infty}$".

定理(洛必达法则)　如果极限 $\lim\limits_{\substack{x \to a \\ (x \to \infty)}} \dfrac{f(x)}{F(x)}$ 为"$\dfrac{0}{0}$"型或"$\dfrac{\infty}{\infty}$"型未定式的极限，并且 $\lim\limits_{\substack{x \to a \\ (x \to \infty)}} \dfrac{f'(x)}{F'(x)}$ 存在或为 ∞，则

$$\lim_{\substack{x \to a \\ (x \to \infty)}} \frac{f(x)}{F(x)} = \lim_{\substack{x \to a \\ (x \to \infty)}} \frac{f'(x)}{F'(x)}$$

注意：运用洛必达法则的条件：

（1）$\lim\limits_{\substack{x \to a \\ (x \to \infty)}} \dfrac{f(x)}{F(x)}$ 为"$\dfrac{0}{0}$"型或"$\dfrac{\infty}{\infty}$"型的未定式的极限；

（2）$\lim\limits_{\substack{x \to a \\ (x \to \infty)}} \dfrac{f'(x)}{F'(x)}$ 存在或为 ∞.

如果 $\lim\limits_{\substack{x \to a \\ (x \to \infty)}} \dfrac{f'(x)}{F'(x)}$ 仍为"$\dfrac{0}{0}$"型或"$\dfrac{\infty}{\infty}$"型未定式的极限，那么可以继续使用洛必达法则计算，且可依次类推.

一、"$\dfrac{0}{0}$"型未定式极限的计算

例1　求 $\lim\limits_{x \to 0} \dfrac{e^x - 1}{x}$.

解　这是"$\dfrac{0}{0}$"型未定式，由洛必达法则得

$$\lim_{x \to 0} \frac{e^x - 1}{x} = \lim_{x \to 0} \frac{(e^x - 1)'}{(x)'} = \lim_{x \to 0} \frac{e^x}{1} = 1.$$

例2　求 $\lim\limits_{x \to \frac{\pi}{2}} \dfrac{\cos x}{x - \dfrac{\pi}{2}}$.

解　这是"$\dfrac{0}{0}$"型未定式，由洛必达法则得

$$\lim_{x \to \frac{\pi}{2}} \frac{\cos x}{x - \dfrac{\pi}{2}} = \lim_{x \to \frac{\pi}{2}} \frac{(\cos x)'}{\left(x - \dfrac{\pi}{2}\right)'} = \lim_{x \to \frac{\pi}{2}} \frac{-\sin x}{1} = -1$$

例 3 求 $\lim\limits_{x\to 0}\dfrac{1-\cos x}{x^2}$.

解 $\lim\limits_{x\to 0}\dfrac{1-\cos x}{x^2}=\lim\limits_{x\to 0}\dfrac{\sin x}{2x}=\lim\limits_{x\to 0}\dfrac{\cos x}{2}=\dfrac{1}{2}$.

本题连续两次运用洛必达法则.

例 4 求 $\lim\limits_{x\to 0}\dfrac{x-\sin x}{x^3}$.

解 $\lim\limits_{x\to 0}\dfrac{x-\sin x}{x^3}=\lim\limits_{x\to 0}\dfrac{(x-\sin x)'}{(x^3)'}=\lim\limits_{x\to 0}\dfrac{1-\cos x}{3x^2}=\lim\limits_{x\to 0}\dfrac{\sin x}{6x}=\dfrac{1}{6}$.

例 5 求 $\lim\limits_{x\to 1}\dfrac{x^3-3x+2}{x^3-x^2-x+1}$.

解 $\lim\limits_{x\to 1}\dfrac{x^3-3x+2}{x^3-x^2-x+1}=\lim\limits_{x\to 1}\dfrac{3x^2-3}{3x^2-2x-1}=\lim\limits_{x\to 1}\dfrac{6x}{6x-2}=\dfrac{6}{6-2}=\dfrac{3}{2}$.

注意:上式中的 $\lim\limits_{x\to 1}\dfrac{6x}{6x-2}$ 已经不是未定式,因此,不能对它应用洛必达法则,否则,将产生错误的结果

$$\lim_{x\to 1}\dfrac{x^3-3x+2}{x^3-x^2-x+1}=\lim_{x\to 1}\dfrac{3x^2-3}{3x^2-2x-1}=\lim_{x\to 1}\dfrac{6x}{6x-2}=\lim_{x\to 1}\dfrac{6}{6}=1$$

以后使用洛必达法则时,应特别注意这一点,如果不再是未定式,就不能使用洛必达法则.

例 6 求 $\lim\limits_{x\to +\infty}\dfrac{\dfrac{\pi}{2}-\arctan x}{\dfrac{1}{x}}$.

解 $\lim\limits_{x\to +\infty}\dfrac{\dfrac{\pi}{2}-\arctan x}{\dfrac{1}{x}}=\lim\limits_{x\to +\infty}\dfrac{-\dfrac{1}{1+x^2}}{-\dfrac{1}{x^2}}=\lim\limits_{x\to +\infty}\dfrac{x^2}{1+x^2}=1$.

二、"$\dfrac{\infty}{\infty}$"型未定式的极限计算

例 7 求 $\lim\limits_{x\to +\infty}\dfrac{\ln x}{x}$.

解 这是"$\dfrac{\infty}{\infty}$"型,由洛必达法则,有

$$\lim_{x\to +\infty}\dfrac{\ln x}{x}=\lim_{x\to +\infty}\dfrac{\dfrac{1}{x}}{1}=0.$$

例 8 求 $\lim\limits_{x\to +\infty}\dfrac{x^2}{e^x}$.

解 连续运用洛必达法则,得

$$\lim_{x\to +\infty}\dfrac{x^2}{e^x}=\lim_{x\to +\infty}\dfrac{2x}{e^x}=\lim_{x\to +\infty}\dfrac{2}{e^x}=2\lim_{x\to +\infty}e^{-x}=0.$$

例 9 求 $\lim\limits_{x\to \left(\frac{\pi}{2}\right)^-}\dfrac{\ln\left(\dfrac{\pi}{2}-x\right)}{\tan x}$.

解 上式为"$\frac{\infty}{\infty}$"型,由洛必达法则,有

$$\lim_{x\to(\frac{\pi}{2})^-}\frac{\ln\left(\frac{\pi}{2}-x\right)}{\tan x}=\lim_{x\to(\frac{\pi}{2})^-}\frac{\left[\ln\left(\frac{\pi}{2}-x\right)\right]'}{(\tan x)'}=\lim_{x\to(\frac{\pi}{2})^-}\frac{\dfrac{-1}{\dfrac{\pi}{2}-x}}{\dfrac{1}{\cos^2x}}=-\lim_{x\to(\frac{\pi}{2})^-}\frac{\cos^2x}{\dfrac{\pi}{2}-x}$$

$$=-\lim_{x\to(\frac{\pi}{2})^-}\frac{2\cos x(-\sin x)}{-1}=0$$

三、其他类型未定式极限的计算

洛必达法则不仅仅可以用来计算"$\frac{0}{0}$"型和"$\frac{\infty}{\infty}$"型未定式的极限,还可以用来计算$0\cdot\infty$、$\infty-\infty$、1^∞、0^0、∞^0等未定式的极限问题,即经过适当的变换,把它们转化为"$\frac{0}{0}$"型或"$\frac{\infty}{\infty}$"型未定式的极限. 下面用例子说明.

(1)"$0\cdot\infty$"型.

例 10 求 $\lim\limits_{x\to0^+}x\ln x$.

解 $\lim\limits_{x\to0^+}x\ln x=\lim\limits_{x\to0^+}\dfrac{\ln x}{\dfrac{1}{x}}=\lim\limits_{x\to0^+}\dfrac{\dfrac{1}{x}}{-\dfrac{1}{x^2}}=\lim\limits_{x\to0^+}(-x)=0.$

例 11 求 $\lim\limits_{x\to+\infty}x\mathrm{e}^{-x}$.

解 $\lim\limits_{x\to+\infty}x\mathrm{e}^{-x}=\lim\limits_{x\to+\infty}\dfrac{x}{\mathrm{e}^x}=\lim\limits_{x\to+\infty}\dfrac{1}{\mathrm{e}^x}=0.$

(2)"$\infty-\infty$"型.

例 12 求 $\lim\limits_{x\to0}\left(\dfrac{1}{\sin x}-\dfrac{1}{x}\right)$.

解 $\lim\limits_{x\to0}\left(\dfrac{1}{\sin x}-\dfrac{1}{x}\right)=\lim\limits_{x\to0}\dfrac{x-\sin x}{x\sin x}=\lim\limits_{x\to0}\dfrac{1-\cos x}{\sin x+x\cos x}=\lim\limits_{x\to0}\dfrac{\sin x}{2\cos x+x\sin x}=0.$

(3)"1^∞"型.

例 13 求 $\lim\limits_{x\to0}(1+\sin x)^{\frac{1}{x}}$.

解 设 $y=(1+\sin x)^{\frac{1}{x}}$,取对数得 $\ln y=\dfrac{\ln(1+\sin x)}{x}$,当 $x\to0$ 时,上式右端是未定式 $\dfrac{0}{0}$. 有

$\lim\limits_{x\to0}\ln y=\lim\limits_{x\to0}\dfrac{\ln(1+\sin x)}{x}=\lim\limits_{x\to0}\dfrac{\dfrac{\cos x}{1+\sin x}}{1}=1$,即 $\lim\limits_{x\to0}\ln y=1$,而 $y=\mathrm{e}^{\ln y}$,所以 $\lim\limits_{x\to0}y=\mathrm{e}$,即

$\lim\limits_{x\to0}(1+\sin x)^{\frac{1}{x}}=\mathrm{e}.$

(4)"0^0"型.

例 14 求极限 $\lim\limits_{x\to0^+}x^{\sin x}$.

解 由于 $x^{\sin x} = e^{\ln x^{\sin x}} = e^{\sin x \ln x}$，而

$$\lim_{x \to 0^+} \sin x \ln x = \lim_{x \to 0^+} \frac{\ln x}{\dfrac{1}{\sin x}} \left(\frac{\infty}{\infty} \text{ 型}\right) = \lim_{x \to 0^+} \frac{\dfrac{1}{x}}{\dfrac{-\cos x}{\sin^2 x}} = -\lim_{x \to 0^+} \frac{\sin x}{x} \cdot \frac{\sin x}{\cos x} = 0$$

所以 $\lim\limits_{x \to 0^+} x^{\sin x} = e^0 = 1$.

（5）"∞^0"型.

例 15 求 $\lim\limits_{x \to 0^+} (\cot x)^{\frac{1}{\ln x}}$.

解 由于 $(\cot x)^{\frac{1}{\ln x}} = e^{\frac{\ln \cot x}{\ln x}}$，而

$$\lim_{x \to 0^+} \frac{\ln \cot x}{\ln x} = \lim_{x \to 0^+} \frac{\dfrac{1}{\cot x}\left(-\dfrac{1}{\sin^2 x}\right)}{\dfrac{1}{x}} = -\lim_{x \to 0^+} \frac{1}{\cos x} \cdot \frac{x}{\sin x} = -1$$

所以 $\lim\limits_{x \to 0^+} (\cot x)^{\frac{1}{\ln x}} = \lim\limits_{x \to 0^+} e^{\frac{\ln \cot x}{\ln x}} = e^{-1}$.

洛必达法则是求未定式极限的一种有效方法，但最好能与其他求极限的方法结合使用. 在用洛必达法则求未定式时，应注意以下几点：

（1）在"$\dfrac{0}{0}$"或"$\dfrac{\infty}{\infty}$"未定式中，$\lim\limits_{\substack{x \to a \\ (x \to \infty)}} \dfrac{f'(x)}{F'(x)}$ 不存在，不能断言 $\lim\limits_{\substack{x \to a \\ (x \to \infty)}} \dfrac{f(x)}{F(x)}$ 不存在！

例如：$\lim\limits_{x \to \infty} \dfrac{\sin x - x}{x} = -1$，但 $\lim\limits_{x \to \infty} \dfrac{(\sin x - x)'}{x'} = \lim\limits_{x \to \infty} \dfrac{\cos x - 1}{1}$，极限不存在.

（2）连续多次使用洛必达法则时，每次都要检查是否满足定理条件. 只有 $\dfrac{0}{0}$ 或 $\dfrac{\infty}{\infty}$ 未定式才能用洛必达法则，否则会导致荒谬的结果. 例如：

$$\lim_{x \to \infty} \frac{x - \sin x}{x + \sin x} = \lim_{x \to \infty} \frac{1 - \cos x}{1 + \cos x} = \lim_{x \to \infty} \frac{\sin x}{-\sin x} = -1$$

（极限不存在且不是 $\dfrac{0}{0}$ 或 $\dfrac{\infty}{\infty}$ 未定式）

事实上，$\lim\limits_{x \to \infty} \dfrac{x - \sin x}{x + \sin x} = \lim\limits_{x \to \infty} \dfrac{1 - \dfrac{\sin x}{x}}{1 + \dfrac{\sin x}{x}} = 1$.

（3）分子和分母的安排是有讲究的，例如：

$$\lim_{x \to +\infty} x e^{-x} = \lim_{x \to +\infty} \frac{e^{-x}}{\dfrac{1}{x}} = \lim_{x \to +\infty} \frac{-e^{-x}}{-\dfrac{1}{x^2}} = \cdots$$

就不能得到任何结果.

（4）极限存在的因子可先分离出来.

（5）运用洛必达法则常结合无穷小替换.

例 16 求 $\lim\limits_{x \to 0} \left(\dfrac{\sin x}{x}\right)^{\frac{1}{x^2}}$.

解　$\lim\limits_{x\to 0}\ln\left(\dfrac{\sin x}{x}\right)^{\frac{1}{x^2}}=\lim\limits_{x\to 0}\dfrac{\ln\dfrac{\sin x}{x}}{x^2}=\lim\limits_{x\to 0}\dfrac{\ln\sin x-\ln x}{x^2}$

$$=\lim\limits_{x\to 0}\dfrac{\dfrac{\cos x}{\sin x}-\dfrac{1}{x}}{2x}=\lim\limits_{x\to 0}\dfrac{x\cos x-\sin x}{2x^3}\quad（洛必达法则,无穷小替换）$$

$$=\lim\limits_{x\to 0}\dfrac{\cos x-x\sin x-\cos x}{6x^2}=-\dfrac{1}{6}\quad（洛必达法则）$$

故　$\lim\limits_{x\to 0}\left(\dfrac{\sin x}{x}\right)^{\frac{1}{x^2}}=\mathrm{e}^{-\frac{1}{6}}$.

习题　3－2

1. 选择题.

（1）下列极限计算正确的是（　）.

A.　$\lim\limits_{x\to 2}\dfrac{x^3-2x-4}{(x-2)^2}=\lim\limits_{x\to 2}\dfrac{3x^2-2}{2(x-2)}=\lim\limits_{x\to 2}\dfrac{6x}{2}=6$

B.　$\lim\limits_{x\to 2}\dfrac{x^3-2x-4}{(x-2)^2}=\lim\limits_{x\to 2}\dfrac{(x-2)(x^2+2x+2)}{(x-2)^2}=\lim\limits_{x\to 2}\dfrac{x^2+2x+2}{x-2}=\dfrac{2x+2}{1}=6$

C.　$\lim\limits_{x\to 2}\dfrac{x^3-2x-4}{(x-2)^2}=\lim\limits_{x\to 2}\dfrac{3x^2-2}{2(x-2)}=\infty$

D.　$\lim\limits_{x\to 2}\dfrac{x^3-2x-4}{(x-2)^2}=\dfrac{\lim\limits_{x\to 2}(x^3-2x-4)}{\lim\limits_{x\to 2}(x-2)^2}$，极限不存在

（2）下列极限计算正确的是（　）.

A.　$\lim\limits_{x\to\infty}\dfrac{x-\sin x}{x+\sin x}=\lim\limits_{x\to\infty}\dfrac{1-\cos x}{1+\cos x}=1$

B.　$\lim\limits_{x\to\infty}\dfrac{x-\sin x}{x+\sin x}=\lim\limits_{x\to\infty}\dfrac{1-\dfrac{\sin x}{x}}{1+\dfrac{\sin x}{x}}=0\left(\lim\limits_{x\to\infty}\dfrac{\sin x}{x}=1\right)$

C.　$\lim\limits_{x\to\infty}\dfrac{x-\sin x}{x+\sin x}=\lim\limits_{x\to\infty}\dfrac{1-\dfrac{\sin x}{x}}{1+\dfrac{\sin x}{x}}=1\left(\lim\limits_{x\to\infty}\dfrac{\sin x}{x}=0\right)$

D.　$\lim\limits_{x\to\infty}\dfrac{x-\sin x}{x+\sin x}=\lim\limits_{x\to\infty}\dfrac{1-\cos x}{1+\cos x}=\lim\limits_{x\to\infty}\dfrac{\sin x}{-\sin x}=-1$

2. 利用洛必达法则求下列极限.

（1）$\lim\limits_{x\to 0}\dfrac{\ln(1+x)}{x}$；　　　　　（2）$\lim\limits_{x\to 0}\dfrac{\mathrm{e}^x-\mathrm{e}^{-x}}{\sin x}$；　　　　　（3）$\lim\limits_{x\to a}\dfrac{\sin x-\sin a}{x-a}$；

（4）$\lim\limits_{x\to\pi}\dfrac{\sin 3x}{\tan 5x}$；　　　　　（5）$\lim\limits_{x\to\frac{\pi}{2}}\dfrac{\ln\sin x}{(\pi-2x)^2}$；　　　　　（6）$\lim\limits_{x\to a}\dfrac{x^m-a^m}{x^n-a^n}$；

$(7)\lim\limits_{x\to+0}\dfrac{\text{lntan}7x}{\text{lntan}2x};$　　　　$(8)\lim\limits_{x\to\frac{\pi}{2}}\dfrac{\tan x}{\tan 3x};$　　　　$(9)\lim\limits_{x\to+\infty}\dfrac{\ln\left(1+\dfrac{1}{x}\right)}{\text{arccot}x};$

$(10)\lim\limits_{x\to 0}\dfrac{\ln(1+x^2)}{\sec x-\cos x};$　　$(11)\lim\limits_{x\to 0}x\cot 2x;$　　$(12)\lim\limits_{x\to 0}x^2\mathrm{e}^{\frac{1}{x^2}};$

$(13)\lim\limits_{x\to 1}\left(\dfrac{2}{x^2-1}-\dfrac{1}{x-1}\right);$　　$(14)\lim\limits_{x\to\infty}\left(1+\dfrac{a}{x}\right)^x;$　　$(15)\lim\limits_{x\to+0}x^{\sin x};$

$(16)\lim\limits_{x\to+0}\left(\dfrac{1}{x}\right)^{\tan x}.$

第三节　函数的极值和最值

一、函数的极值及其判定

1. 函数极值的概念

从图 3 - 5 容易看出,函数 $f(x)$ 在 x_1 和 x_4 处的函数值 $f(x_1)$ 和 $f(x_4)$ 比它们两边近旁的所有点的函数值都大,而在 x_2 和 x_5 处的函数值 $f(x_2)$ 和 $f(x_5)$ 比它们两边近旁的所有点的函数值都小,对于这样的函数值,我们给出如下定义:

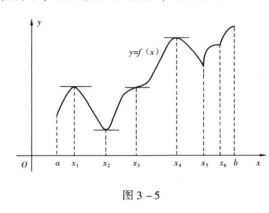

图 3 - 5

定义　设函数 $f(x)$ 在点 x_0 的邻域内有定义,如果对于点 x_0 的邻域内的所有点 x,都满足 $f(x)\leqslant f(x_0)$,则称 $f(x_0)$ 是函数 $f(x)$ 的一个**极大值**,点 x_0 称为 $f(x)$ 的一个**极大值点**;如果对于点 x_0 的邻域内的所有点 x,都满足 $f(x)\geqslant f(x_0)$,则称 $f(x_0)$ 是函数 $f(x)$ 的一个**极小值**,点 x_0 称为 $f(x)$ 的一个**极小值点**.

极大值与极小值统称为**极值**,极大值点与极小值点统称为**极值点**.例如图 3 - 5 中,$f(x_1)$ 和 $f(x_4)$ 都是 $f(x)$ 的极大值,$f(x_2)$ 和 $f(x_5)$ 都是 $f(x)$ 的极小值.

需要指出的是,极值是一个局部性概念,函数的极值只是比极值点邻近的点的函数值都大或是都小,而在整个定义区间上不一定是函数的最大值或最小值.

2. 函数极值的判定

从图 3 - 5 还可以看出,在曲线上与极值点 x_1、x_2、x_4 相应的点处的切线是水平的,而极值点 x_5 处没有切线(不可导),同时也可以看到曲线 $y=f(x)$ 在点 x_3 处虽然有水平切线,在点 x_6 处没有切线,但 $f(x_3)$ 和 $f(x_6)$ 却不是极值,从而有下面的定理:

定理 1(极值存在的必要条件)　如果函数在点 x_0 处取得极值,则 $f'(x_0)=0$ 或 $f'(x_0)$ 不存在.

定理 1 的逆命题不成立,即驻点和 $f'(x)$ 不存在的点不一定是极值点,例如,$f(x)=x^3,x=0$ 是其驻点,但 $f(0)$ 不是极值;$y=\sqrt[3]{x}$ 在点 $x=0$ 处不可导,$y(0)=0$ 也不是极值.$f(x_0)$ 是极值时,

$f'(x_0)$可能存在也可能不存在,如果$f'(x_0)$存在,必有$f'(x_0)=0$.

由上面的讨论可知,极值点一定是驻点和导数不存在的点,但驻点和导数不存在的点不一定是极值点,下面给出两个判定极值的充分条件.

定理 2(第一充分条件) 设函数$f(x)$在点x_0处连续,在点x_0的左右近旁可导,

(1)当$x<x_0$时,$f'(x)>0$,而当$x>x_0$时,$f'(x)<0$,则$f(x_0)$是$f(x)$的极大值;

(2)当$x<x_0$时,$f'(x)<0$,而当$x>x_0$时,$f'(x)>0$,则$f(x_0)$是$f(x)$的极小值;

(3)如果$f'(x)$在x_0的两侧不变号,则$f(x_0)$不是$f(x)$的极值.

定理 3(第二充分条件) 设$f(x)$在点x_0处有二阶导数,且$f'(x_0)=0$,$f''(x_0)\neq0$,则:

(1)当$f''(x_0)<0$时,$f(x_0)$是$f(x)$的极大值;

(2)当$f''(x_0)>0$时,$f(x_0)$是$f(x)$的极小值.

例 1 求函数$f(x)=x^3-3x+2$的极值.

解法一 (利用极值第一充分条件)

$f(x)$的定义域为$(-\infty,+\infty)$,有

$$f'(x)=3x^2-3=3(x+1)(x-1)$$

令$f'(x)=0$,得驻点$x=-1$和$x=1$,点$x=-1$和$x=1$将定义域分成三个区间:$(-\infty,-1),(-1,1),(1,+\infty)$.列表 3-3 如下.

表 3-3

x	$(-\infty,1)$	-1	$(-1,1)$	1	$(1,+\infty)$
$f'(x)$	+	0	−	0	+
$f(x)$	↗	极大值4	↘	极小值0	↗

所以,$f(x)$在$x=-1$处取极大值$f(-1)=4$,在$x=1$处取极小值$f(1)=0$.

解法二 (利用极值第二充分条件)

$f(x)$的定义域为$(-\infty,+\infty)$,有

$$f'(x)=3x^2-3=3(x+1)(x-1)$$

令$f'(x)=0$,得驻点$x=-1$和$x=1$,$f''(x)=6x$,因为$f''(-1)=-6<0$,所以$f(-1)=4$是函数$f(x)$的极大值;$f''(1)=6>0$,所以$f(1)=0$是函数$f(x)$的极小值.

例 2 求函数$y=\sqrt[3]{(x+1)^2}$的极值.

解 函数的定义域为$(-\infty,+\infty)$,有

$$y'=\frac{2}{3}(x+1)^{-\frac{1}{3}}=\frac{2}{3\cdot\sqrt[3]{x+1}}$$

当$x=-1$时,y'不存在.

当$x<-1$时,$y'<0$,当$x>-1$时,$y'>0$,所以$y(-1)=0$是函数的极小值.

定理 3 指出,如果函数$f(x)$在驻点x_0处$f''(x_0)\neq0$时,则$f(x_0)$一定是极值,但当$f''(x_0)=0$时,则定理 3 无法应用,事实上$f(x_0)$可能是$f(x)$的极大值,也可能是$f(x)$的极小值,也可能不是极值;例如$f_1(x)=x^4$,$f_2(x)=-x^4$,$f_3(x)=x^3$,这三个函数在$x=0$处都满足$f'(0)=0$且$f''(0)=0$,但$f_1(0)=0$是极小值,$f_2(0)=0$是极大值,$f_3(0)=0$不是极值,如图 3-6 所示,因此,如果

函数 $f(x)$ 在驻点 x_0 处 $f''(x_0) = 0$ 时,此时需要用定理 2 来判断,故第一充分条件适用面更广.

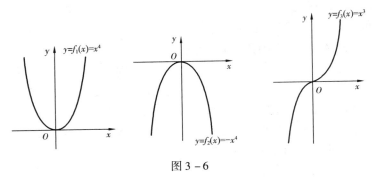

图 3 - 6

二、函数的最值及其应用

1. 闭区间上函数的最大值与最小值

如果函数 $f(x)$ 在闭区间 $[a,b]$ 上连续,那么 $f(x)$ 在闭区间 $[a,b]$ 上一定存在最大值和最小值,取得最大(小)值的点可能是区间的端点,也可能是区间内部的点,如果最大(小)值点在区间内部,那么它们也一定是函数的极值点,因此闭区间上函数的最大值与最小值可以按下列步骤求出:

(1)求出 $f(x)$ 在 (a,b) 内的所有驻点与不可导点;

(2)计算以上各点的函数值及端点函数值 $f(a)$ 和 $f(b)$,并且比较它们的大小,其中最大(小)的一个就是 $f(x)$ 在 $[a,b]$ 上的最大(小)值.

若在开区间或无穷区间内只有一个驻点时,则最值就是在这个驻点取得的. 对实际问题,若问题的实际意义可确定可导函数存在最值,由函数只有一个驻点,则此点的函数值就是最值.

例3 求函数 $f(x) = x + \sqrt{1-x^2}$ 的最值.

解 函数 $f(x)$ 的定义域为 $[-1,1]$,又 $f'(x) = 1 - \dfrac{x}{\sqrt{1-x^2}}$. 令 $f'(x) = 0$,得驻点 $x = -\dfrac{\sqrt{2}}{2}$ 与 $x = \dfrac{\sqrt{2}}{2}$.

$$f\left(-\frac{\sqrt{2}}{2}\right) = 0, \quad f\left(\frac{\sqrt{2}}{2}\right) = \sqrt{2}, \quad f(-1) = -1, \quad f(1) = 1$$

因此,所求的最大值是 $f\left(\dfrac{\sqrt{2}}{2}\right) = \sqrt{2}$,最小值是 $f(-1) = -1$.

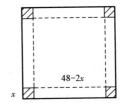

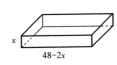

图 3 - 7

2. 实际应用问题中的最大值与最小值

下面通过举例来说明实际应用问题中的最大值与最小值的求法.

例4 如图 3 - 7 所示,用一块边长为 48cm 的正方形铁皮做一个无盖的铁盒时,在铁皮的四角各截去一个大小相同的小正方形,然后将四边折起做成一个无盖的方盒,问截去的小正方形的边长为多少时,做成的铁盒容积最大?

解 设截去的小正方形的边长为 x，则铁盒的底面边长为 $48-2x$，高为 x，于是铁盒的容积为

$$V = x(48-2x)^2 \quad (0 < x < 24)$$

求 V 对 x 的导数，得

$$V' = (48-2x)^2 + x \cdot 2(48-2x)(-2) = (48-2x)(48-6x)$$

令 $V'=0$，得唯一驻点 $x=8$. 由于实际问题最值一定存在，因此当截去的小正方形的边长为 8cm 时，做成的铁盒容积最大.

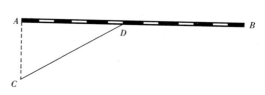

图 3-8

例5 铁路线上有 A、B 两城，相距 100km，工厂 C 距 A 城 20km，且 AC 垂直 AB（图 3-8），为运输需要，欲在 AB 线上选一点 D 向工厂 C 修一条公路，已知铁路每千米货运的运费与公路每千米货运的运费之比为 $3:5$，为使货物从 B 城运到工厂 C 的运费最省，问 D 应选在何处？

解 设 $AD = x$，则 $DB = 100-x, CD = \sqrt{400+x^2}$.

设铁路每千米运费为 $3a$，则公路每千米运费为 $5a$，因此货物从 B 城运到工厂 C 的总运费为

$$y = 5a\sqrt{400+x^2} + 3a(100-x) \quad (0 \leqslant x \leqslant 100)$$

求 y 对 x 的导数，得

$$y' = a\left(\frac{5x}{\sqrt{400+x^2}} - 3\right)$$

令 $y'=0$，得唯一驻点 $x=15$.

由实际问题知，使运费最省的 x 一定存在，故当 $AD = x = 15$km 时总运费最省.

习题 3-3

1. 求下列函数的极值.

(1) $f(x) = x^2 + 2x - 3$;   (2) $f(x) = 2x^3 - 3x^2$;

(3) $f(x) = x^2 \ln x$;   (4) $f(x) = \dfrac{x^2}{x^2+3}$;

(5) $f(x) = x^2 e^{-x}$;   (6) $f(x) = 2 - \sqrt[3]{(x-1)^2}$.

2. 求下列函数在给定区间的最大值和最小值.

(1) $y = x^4 - 2x^2 + 5, [-2,2]$;   (2) $f(x) = x + \sqrt{x}, [0,1]$;

(3) $y = x + \sqrt{1-x}, [-5,1]$;   (4) $y = \sqrt[3]{x^2+1}, [-1,2]$.

3. 设函数 $f(x) = a\ln x + bx^2 + x$ 在 $x=1$ 和 $x=2$ 处取得极值，试求 a、b 的值，并问这时 $f(x)$ 在 $x=1$ 和 $x=2$ 处是取得极大值还是极小值？

4. 某农场要建一个面积为 512m² 的矩形晒谷场,一边可以利用原来的石条沿,其他三边需要砌新的石条沿,问晒谷场的长和宽各为多少时用料最省?

5. 有一块宽 2a 的长方形铁片,将它的两个边缘向上折起成一开口水槽,使其横截面为一矩形,矩形高为 x,问 x 取何值时,水槽的截面积最大?

6. 用围墙围成面积为 216m² 的一块矩形土地,并在正中间用一堵墙将其隔成两块,问这块土地的长和宽各为多少时,才能使建筑材料最省?

7. 甲船位于乙船东 75km 处,以每小时 12km 的速度向西行驶;乙船以每小时 6km 的速度向北行驶,问经过多少时间两船相距最近?

8. 要造一个容积为 50m³ 的圆柱形封闭容器,问容器的底面半径 r 与高 h 各为多少时,造这个容器所用的材料费最省(表面积最小)?

第四节　曲线的凹凸性与拐点、渐近线和函数图形的描绘

为了准确描绘函数的图形,仅知道函数的增减性和极值、最值是不够的,还应知道它的弯曲方向以及不同弯曲方向的分界点,这一节就先研究曲线的凹凸性与拐点.

一、曲线的凹凸性与拐点

观察:如图 3 - 9、图 3 - 10 所示,曲线都是单调递增(或递减),它们的变化性态有何不同之处?

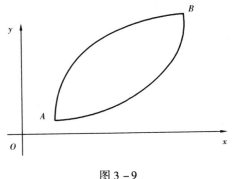

图 3 - 9

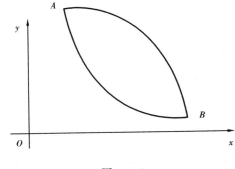

图 3 - 10

1. 曲线的凹凸定义和判定法

从图 3 - 11 可以看出曲线弧 $\overset{\frown}{ABC}$ 在区间 (a,c) 内是向下凹入的,此时曲线弧 $\overset{\frown}{ABC}$ 位于该弧上任一点切线的上方;曲线弧 $\overset{\frown}{CDE}$ 在区间 (c,b) 内是向上凸起的,此时曲线弧 $\overset{\frown}{CDE}$ 位于该弧上任一点切线的下方. 关于曲线的弯曲方向,给出下面的定义:

定义 1　如果在某区间内的曲线弧位于其任一点切线的上方,那么此曲线弧叫作在该区间内是**凹的**;如果在某区间内的曲线弧位于其任一点切线的下方,那么此曲线弧叫作在该区间内是**凸的**.

例如,图 3 - 11 中曲线弧 $\overset{\frown}{ABC}$ 在区间 (a,c) 内是凹的,曲线弧 $\overset{\frown}{CDE}$ 在区间 (c,b) 内是凸的.

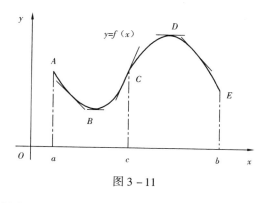

图 3-11

由图 3-11 还可以看出,对于凹的曲线弧,切线的斜率随 x 的增大而增大;对于凸的曲线弧,切线的斜率随 x 的增大而减小. 由于切线的斜率就是函数 $y=f(x)$ 的导数,因此凹的曲线弧,导数是单调增加的,而凸的曲线弧,导数是单调减少的. 由此可见,曲线 $y=f(x)$ 的凹凸性可以用导数 $f'(x)$ 的单调性来判定. 而 $f'(x)$ 的单调性又可以用它的导数,即 $y=f(x)$ 的二阶导数 $f''(x)$ 的符号来判定,故曲线 $y=f(x)$ 的凹凸性与 $f''(x)$ 的符号有关. 由此可提出函数曲线的凹凸性判定定理:

定理 1 设函数 $y=f(x)$ 在 (a,b) 内具有二阶导数.

(1)如果在 (a,b) 内, $f''(x)>0$,那么曲线在 (a,b) 内是凹的;

(2)如果在 (a,b) 内, $f''(x)<0$,那么曲线在 (a,b) 内是凸的.

例 1 判定曲线 $y=x^3$ 的凹凸性.

解: $y'=3x^2$, $y''=6x$,当 $x<0$ 时, $y''<0$; $x>0$ 时, $y''>0$.

所以,曲线在 $(-\infty,0)$ 内是凸的;在 $(0,+\infty)$ 内是凹的.

2. 拐点的定义和求法

定义 2 连续曲线上凹的曲线弧和凸的曲线弧的分界点叫作曲线的**拐点**.

定理 2(拐点存在的必要条件) 若函数 $f(x)$ 在 x_0 处的二阶导数存在,且点 $(x_0,f(x_0))$ 为曲线 $y=f(x)$ 的拐点,则 $f''(x_0)=0$.

我们知道由 $f''(x)$ 的符号可以判定曲线的凹凸性. 如果 $f''(x)$ 连续,那么当 $f''(x)$ 的符号由正变负或由负变正时,必定有一点 x_0 使 $f''(x_0)=0$. 这样,点 $(x_0,f(x_0))$ 就是曲线的一个拐点. 因此,如果 $y=f(x)$ 在区间 (a,b) 内具有二阶导数,我们就可以按下面的步骤来判定曲线 $y=f(x)$ 的拐点:

(1)确定函数 $=f(x)$ 的定义域;

(2)求 $y''=f''(x)$;令 $f''(x)=0$,解出这个方程在区间 (a,b) 内的实根;

(3)对解出的每一个实根 x_0,考察 $f''(x)$ 在 x_0 的左右两侧邻近的符号. 如果 $f''(x)$ 在 x_0 的左右两侧邻近的符号相反,那么点 $(x_0,f(x_0))$ 就是一个拐点,如果 $f''(x)$ 在 x_0 的左右两侧邻近的符号相同,那么点 $(x_0,f(x_0))$ 就不是拐点.

例 2 求曲线 $y=x^3-3x^2$ 的凹凸区间和拐点.

解 (1)函数的定义域为 $(-\infty,+\infty)$;

(2) $y'=3x^2-6x$, $y''=6x-6=6(x-1)$;令 $y''=0$,得 $x=1$;

(3)列表 3-4 考察 y'' 的符号(表中"∪"表示曲线是凹的,"∩"表示曲线是凸的).

表 3-4

x	$(-\infty,1)$	1	$(1,+\infty)$
y''	-	0	+
y	∩	拐点 $(1,-2)$	∪

由上表可知,曲线在 $(-\infty,1)$ 内是凸的,在 $(1,+\infty)$ 内是凹的;曲线的拐点为 $(1,-2)$.

注意,如果 $f(x)$ 在点 x_0 处的二阶导数不存在,那么点 $(x_0,f(x_0))$ 也可能是曲线的拐点. 例如,函数 $y=\sqrt[3]{x}$ 在点 $(0,0)$ 处的二阶导数不存在,但是点 $(0,0)$ 是该函数的拐点(图 3 – 12).

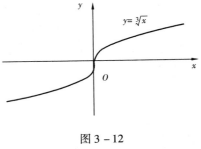

图 3 – 12

二、水平渐近线和垂直渐近线

先看下面的例子:

(1)如图 3 – 13 所示,当 $x\to\infty$ 时,曲线 $y=\dfrac{1}{x}$ 无限接近于 x 轴;当 $x\to 0$ 时,曲线 $y=\dfrac{1}{x}$ 无限接近于 y 轴.

(2)如图 3 – 14 所示,当 $x\to +\infty$ 时,曲线 $y=\arctan x$ 无限接近于直线 $y=\dfrac{\pi}{2}$;当 $x\to -\infty$ 时,曲线 $y=\arctan x$ 无限接近于直线 $y=-\dfrac{\pi}{2}$.

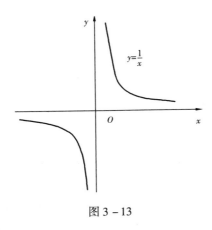

图 3 – 13

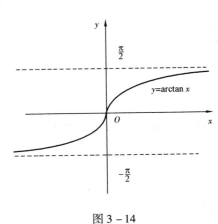

图 3 – 14

一般地,对于具有上述特征的直线,给出下面的定义.

定义 3　如果当自变量 $x\to +\infty$(有时仅当 $x\to +\infty$ 或 $-\infty$)时,函数 $f(x)$ 以常量 b 为极限,即 $\lim\limits_{\substack{x\to\infty\\ (x\to +\infty\\ \text{或}x\to -\infty)}} f(x)=b$,那么直线 $y=b$ 称为曲线 $y=f(x)$ 的水平渐近线.

定义 4　如果当自变量 $x\to x_0$(有时仅当 $x\to x_0^-$ 或 x_0^+)时,函数 $f(x)$ 为无穷大,即 $\lim\limits_{\substack{x\to x_0\\ (x\to x_0^-\\ \text{或}x\to x_0^+)}} f(x)=\infty$,那么直线 $x=x_0$ 称为曲线 $y=f(x)$ 的垂直渐近线.

例如,在上面的两个例子中,直线 $y=0$ 和 $x=0$ 分别是曲线 $y=\dfrac{1}{x}$ 的水平渐近线和垂直渐近线;直线 $y=\dfrac{\pi}{2}$ 和 $y=-\dfrac{\pi}{2}$ 是曲线 $y=\arctan x$ 的两条水平渐近线.

例 3　求下列曲线的水平渐近线或垂直渐近线.

(1)$y=\dfrac{x}{(1-x)(1+x)}$;　(2)$y=\mathrm{e}^{-(x-1)^2}$.

解:(1)因为

$$\lim_{x \to \infty} \frac{x}{(1-x)(1+x)} = 0$$

所以直线 $y = 0$ 是这条曲线的水平渐近线.

又因为

$$\lim_{x \to 1} \frac{x}{(1-x)(1+x)} = \infty, \quad \lim_{x \to -1} \frac{x}{(1-x)(1+x)} = \infty$$

所以,直线 $x = 1$ 和 $x = -1$ 是这条曲线的两条垂直渐近线.

(2)对于曲线 $y = e^{-(x-1)^2}$,有

$$\lim_{x \to \infty} e^{-(x-1)^2} = \lim_{x \to \infty} \frac{1}{e^{(x-1)^2}} = 0$$

所以直线 $y = 0$ 是曲线 $y = e^{-(x-1)^2}$ 的水平渐近线.

三、函数图形的描绘

对于一个函数,若能作出其图形,就能从直观上了解该函数的性态特征,并可从其图形清楚地看出因变量与自变量之间的相互依赖关系. 在中学阶段,我们利用描点法来作函数的图形. 这种方法常会遗漏曲线的一些关键点,如极值点、拐点等. 使得曲线的单调性、凹凸性等一些函数的重要性态难以准确显示出来. 本节我们要利用导数描绘函数 $y = f(x)$ 的图形,其一般步骤如下:

(1)确定函数 $f(x)$ 的定义域,研究函数特性如奇偶性、周期性、有界性等,求出函数的一阶导数 $f'(x)$ 和二阶导数 $f''(x)$.

(2)求出一阶导数 $f'(x)$ 和二阶导数 $f''(x)$ 在函数定义域内的全部零点,并求出函数 $f(x)$ 的间断点和导数 $f'(x)$ 和 $f''(x)$ 不存在的点,用这些点把函数定义域划分成若干个部分区间.

(3)确定在这些部分区间内 $f'(x)$ 和 $f''(x)$ 的符号,并由此确定函数的增减性和凹凸性,极值点和拐点.

(4)确定函数图形的水平、垂直渐近线以及其他变化趋势.

(5)算出 $f'(x)$ 和 $f''(x)$ 的零点以及不存在的点所对应的函数值,并在坐标平面上定出图形上相应的点;有时还需适当补充一些辅助作图点(如与坐标轴的交点和曲线的端点等).

(6)根据以上结果,用平滑曲线连接而画出函数的图形.

例 4 描绘函数 $y = x^3 - 3x^2 + 1$ 的图形.

解 (1)定义域 $(-\infty, +\infty)$.

(2)$y' = 3x^2 - 6x = 3x(x-2)$,$y'' = 6(x-1)$.

令 $y' = 0$,得 $x_1 = 0$,$x_2 = 2$. 令 $y'' = 0$,得 $x_3 = 1$.

用点 $x_1 = 0$,$x_3 = 1$,$x_2 = 2$,将定义域划分为 $(-\infty, 0)$,$(0,1)$,$(1,2)$,$(2, +\infty)$.

(3)列表 $3-5$,讨论其图形情况.

表 3-5

x	$(-\infty, 0)$	0	$(0,1)$	1	$(1,2)$	2	$(2, +\infty)$
y'	+	0	−	−	−	0	+
y''	−	−	−	0	+	+	+
y	上升 凸	极大值 1	下降 凸	拐点 $(1, -1)$	下降 凹	极小值 -3	上升 凹

(4)再补充两个点$(-1,-3),(3,1)$.

(5)描绘出函数图形(图3-15).

例5 作函数$y=\mathrm{e}^{-x^2}$的图形.

解 (1)函数定义域$(-\infty,+\infty)$,偶函数,图形关于y轴对称.

(2)$y'=-2x\mathrm{e}^{-x^2}$,$y''=2(2x^2-1)\mathrm{e}^{-x^2}$,令$y'=0$,得$x=0$,$y''=0$得$x=\pm\dfrac{\sqrt{2}}{2}$.

(3)列表3-6确定函数升降区间,凹凸区间及极值点与拐点.

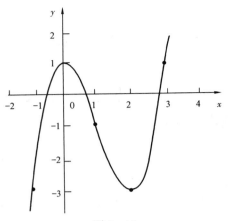

图3-15

表3-6

x	$\left(-\infty,-\dfrac{\sqrt{2}}{2}\right)$	$-\dfrac{\sqrt{2}}{2}$	$\left(-\dfrac{\sqrt{2}}{2},0\right)$	0	$\left(0,\dfrac{\sqrt{2}}{2}\right)$	1	$\left(\dfrac{\sqrt{2}}{2},+\infty\right)$
$f'(x)$	+		+		−		−
$f''(x)$	+	0	−	0	−	0	+
$f(x)$	上升凹	拐点$\left(-\dfrac{\sqrt{2}}{2},\mathrm{e}^{-\frac{1}{2}}\right)$	上升凸	极大值1	下降凸	拐点$\left(\dfrac{\sqrt{2}}{2},\mathrm{e}^{-\frac{1}{2}}\right)$	下降凹

(4)$\lim\limits_{x\to\infty}f(x)=\lim\limits_{x\to\infty}\mathrm{e}^{-\frac{x^2}{2}}=0$,得水平渐近线$y=0$.

(5)作出综合图形(图3-16).

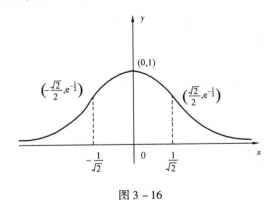

图3-16

习题 3-4

1. 选择题.

(1)设在(a,b)内,$f'(x)>0$,$f''(x)<0$,则曲线$y=f(x)$是( ).

    A. 单调增加凸   B. 单调增加凹

    C. 单调减少凸   D. 单调减少凹

（2）设函数 $y = f(x)$ 在区间 $[a, b]$ 上有二阶导数,则当（　　）成立时,曲线 $y = f(x)$ 在内（a, b）是凹的.

    A. $f''(a) > 0$ B. $f''(b) > 0$

    C. 在（a, b）内 $f''(x) \neq 0$ D. $f''(a) > 0$ 且 $f''(x)$ 在（a, b）内单调增加

（3）设函数 $y = f(x)$ 在区间（a, b）内具有二阶导数,则当（　　）成立时,（$c, f(c)$）（$a < c < b$）是曲线的拐点.

    A. $f''(c) = 0$ B. $f''(x)$ 在（a, b）内单调增加

    C. $f''(c) = 0$, $f''(x)$ 在（a, b）内单调增加   D. $f''(x)$ 在（a, b）内单调减少

（4）曲线 $y = \dfrac{3}{4}x^2 - 12x + 36$ 的凹区间为（　　）.

    A. $(-\infty, 8]$ B. $[8, +\infty)$

    C. $(-\infty, 4] \cup [12, +\infty)$ D. $(-\infty, +\infty)$

2. 填空题.

    （1）曲线 $y = ax^3 + bx^2$ 以（$1, 3$）为拐点,则 $a = $ _____ , $b = $ _____ .

    （2）曲线 $y = 3x - x^3$ 的凹区间为 _____ .

3. 求下列曲线的凹凸区间.

    （1）$y = \ln x$;   （2）$y = 4x - x^2$;

    （3）$y = x + \dfrac{1}{x}$;   （4）$y = \dfrac{e^x + e^{-x}}{2}$.

4. 求下列曲线的凹凸区间,并求拐点.

    （1）$y = 2x^3 + 3x^2 + x + 2$;   （2）$y = 3x^4 - 4x^3 + 1$;

    （3）$y = \ln(x^2 + 1)$;   （4）$y = e^{-x^2}$.

5. 求下列曲线的渐近线.

    （1）$y = \dfrac{1}{1-x}$;   （2）$y = \ln(x - 1)$;

    （3）$y = \dfrac{4(x+1)}{x^2} - 2$;   （4）$y = x^2 + \dfrac{1}{x}$.

6. 作出下列函数的图像.

    （1）$y = 2 - x - x^3$;   （2）$y = \dfrac{1}{4}x^4 - \dfrac{3}{2}x^2$;

    （3）$y = \ln(1 + x^2)$;   （4）$y = \dfrac{2x}{x^2 + 1}$.

复 习 题 三

1. 选择题.

（1）函数 $f(x) = \ln(1 + x^2) - x$ 在（$-\infty, +\infty$）内是（　　）.

    A. 单调增函数   B. 单调减函数

    C. 时而单增,时而单减的函数   D. 以上结论都不对

（2）曲线 $y = \dfrac{1+x^2}{1-x^2}$（　　）.

    A. 有且仅有水平渐近线   *B.* 有且仅有垂直渐近线

    C. 既无水平渐近线,也无垂直渐近线   *D.* 既有水平渐近线,也有垂直渐近线

（3）函数 $y = \dfrac{2}{3}x^3 - x^2 - 4x + 5$ 的单调减小区间为（　　）.

    A. $(2, +\infty)$ *B.* $(-\infty, -1)$ *C.* $(0,3)$ *D.* $(-1,2)$

（4）对于曲线 $y = \ln(1+x^2)$,下面正确的结论是（　　）.

    A. $(0,0)$ 点是曲线的拐点   *B.* $(1,\ln2)$ 点是曲线的拐点

    C. $(0,0)$ 点不是曲线的极值点   *D.* $(1,\ln2)$ 点不是曲线的拐点

（5）在区间 $[-1,1]$ 上满足拉格朗日中值定理的函数为（　　）.

    A. $y = \dfrac{1}{x}$ *B.* $y = \sqrt[3]{x^2}$ *C.* $y = \tan x$ *D.* $y = \ln x$

（6）已知曲线 $y = \dfrac{a}{6}x^3 - \dfrac{b}{2}x^2$ 的拐点为 $(-1,1)$,则 a、b 的值为（　　）.

    A. $1,3$ *B.* $3,1$ *C.* $3,3$ *D.* $3,-3$

（7）下列函数的极限不能使用洛必达法则的为（　　）.

    A. $\lim\limits_{x \to \frac{\pi}{2}} \dfrac{\tan 3x}{\tan x}$ *B.* $\lim\limits_{x \to \infty} \dfrac{x - \cos x}{x + \cos x}$

    C. $\lim\limits_{x \to 0^+} x\ln x$ *D.* $\lim\limits_{x \to \infty} \dfrac{x^3 + 5}{3x^2 - 2x + 1}$

（8）下列结论正确的是（　　）.

    A. 函数的驻点一定是函数的极值点

    B. 可导函数的极值点一定是函数的驻点

    C. 函数的极值点一定是函数的驻点

    D. 导数不存在的点一定是函数的极值点

2. 利用洛必达法则求下列函数的极限.

    （1）$\lim\limits_{x \to \infty} \dfrac{\ln(1+x^2)}{x^2}$;   （2）$\lim\limits_{x \to 0} \dfrac{e^x - e^{-x} - 2x}{x - \sin x}$;

    （3）$\lim\limits_{x \to 0} \left(\dfrac{1}{x} - \dfrac{1}{\ln(1+x)} \right)$;   （4）$\lim\limits_{x \to +\infty} (1+x)^{\frac{1}{x}}$.

3. 证明:当 $x > 0$ 时,$\ln(1+x) > \dfrac{x}{1+x}$ [提示:设 $f(x) = \ln(1+x) - \dfrac{x}{1+x}$,利用单调性证明].

4. 设 $f(x) = x^3 - 6x^2 + 9x + 3$,求:

    （1）函数 $f(x)$ 的单调区间和极值;   （2）曲线 $y = f(x)$ 的凹凸区间和拐点.

5. 判断 a、b 满足什么条件时,函数 $y = x^3 + ax^2 + bx + 1$ 没有极值.

6. 已知 $x = -2$ 是函数 $y = ax^3 + bx^2 + cx + d$ 的驻点,对应的曲线 $y = ax^3 + bx^2 + cx + d$ 经过点 $(-2,44)$,且 $(1,-10)$ 为其拐点. 求 a、b、c、d 的值.

7. 做一个母线长为 20cm 的圆锥形漏斗,当漏斗的高为多少时,它的容积最大?

8. 已知防空洞的截面是矩形加半圆,周长为 15m,问底宽取多少时,截面积最大?

9. 作出函数 $y = 2x^3 - 3x^2$ 的图形.

自 测 题 三

一、判断题(每题 6 分,共 8 题,总分 48 分).

1. 若函数 $y = x^3 - ax^2 + 1$ 在 $x = 2$ 取得极小值,则 $a = 3$.

2. 函数 $y = x^3 - 3x^2$ 在 $x = 0$ 处有极小值.

3. 函数 $y = x^3 - 3x^2$ 在区间 $[-1, 2]$ 上的最大值是 0.

4. 函数 $y = x^3 - 3x^2$ 在区间 $[-1, 2]$ 上的最小值是 -4.

5. 函数 $y = x^4 - 2x^2 + 1$ 在 $[0, 2]$ 上的最大值是 9.

6. 在区间 $[1, +\infty)$ 内,曲线 $y = x^3 - 2x$ 是凸的.

7. 曲线 $y = x^3 - 3x^2 + 2x - 1$ 的拐点是 $x = 1$.

8. 曲线 $y = x^3 + ax^2 - 9x + 4$ 在 $x = 1$ 有拐点,则 $a = -3$.

二、计算题(每题 13 分,共 4 题,总分 52 分).

1. 函数的单调性与极值.

(1)求函数 $y = x^3 - 3x^2 - 9x + 7$ 的单调区间;

(2)求函数 $y = x^3 + 3x^2 - 9x + 1$ 的极值.

2. 函数的凹凸性与拐点.

(1)求函数 $y = x^3 - 6x^2 + 1$ 的凹凸区间;

(2)求曲线 $y = x^3 - 3x^2 + 2x + 5$ 的拐点.

第四章　不 定 积 分

前面讨论了已知一个函数,如何求它的导数. 但是,在科学技术领域中往往会遇到与此相反的问题:已知一个函数的导数,求原来的函数. 由此产生了不定积分. 本章将讨论不定积分的概念、性质和基本积分法.

第一节　不定积分概述

一、不定积分的概念

1. 原函数

在引入导数概念时,讨论了物体的瞬时速度问题,即在物体的运动规律(方程)$s = s(t)$ 已知情况下,导数 $s'(t) = v(t)$ 就是物体在 t 时刻的瞬时速度. 在物理学中有时会遇到相反的问题,已知物体在 t 时刻的瞬时速度 $v(t)$,问物体的运动规律 $s(t)$. 于是有如下定义:

定义 1　如果在区间 I 上,可导函数 $F(x)$ 的导函数为 $f(x)$,即

$$F'(x) = f(x) \ 或 \ \mathrm{d}F(x) = f(x)\mathrm{d}x \quad (x \in I)$$

那么,函数 $F(x)$ 就称为 $f(x)$ 在区间 I 上的一个原函数.

例如,$(\sin x)' = \cos x(-\infty < x < +\infty)$,故 $\sin x$ 是 $\cos x$ 在 $(-\infty < x < +\infty)$ 内的一个原函数.

又如,因 $(\arcsin x)' = \dfrac{1}{\sqrt{1-x^2}}(-1 < x < 1)$,故 $\arcsin x$ 是 $\dfrac{1}{\sqrt{1-x^2}}$ 在 $(-1,1)$ 内的一个原函数.

关于原函数,要讨论两个问题:

(1)函数具备什么条件才能保证它的原函数存在?

(2)如果函数 $f(x)$ 在区间 I 上有原函数,那么它的原函数是不是唯一?

这里给出两个问题的结论:

(1)如果函数 $f(x)$ 在区间 I 上连续,那么 $f(x)$ 在区间 I 上存在原函数,即连续函数一定有原函数;

(2)若 $f(x)$ 在区间 I 上存在原函数,则其原函数不唯一.

例如,$\sin x$ 是 $\cos x$ 的一个原函数,同时 $(\sin x + 1)' = (\sin x - \sqrt{3})' = \cdots = \cos x$,那么,$\sin x$,$\sin x + 1$,$\sin x - \sqrt{3}$,$\cdots$ 都是 $\cos x$ 的原函数,即 $\cos x$ 的原函数有无限多个. 由此可知,原函数之间相差的只是一个常数,为此有以下定理:

原函数族定理　若 $F(x)$ 是 $f(x)$ 的一个原函数,则 $F(x) + C$(C 为任意常数)是 $f(x)$ 的全部原函数.

证明　一方面,因为 $[F(x) + C]' = f(x)$,所以函数族 $F(x) + C$ 中的每个函数都是 $f(x)$ 的原函数.

另一方面,设 $\phi(x)$ 是 $f(x)$ 的任意一个原函数,即 $\phi'(x) = f(x)$,则 $[\phi(x) - F(x)]' = \phi'(x) - F'(x) = f(x) - f(x) = 0$

所以 $\phi(x) - F(x) = C$(C 为常数),即 $\phi(x) = F(x) + C$.

2. 不定积分的概念

定义 2 如果 $F(x)$ 是 $f(x)$ 的一个原函数,则函数 $f(x)$ 的全体原函数 $F(x) + C$ 称为 $f(x)$ 的不定积分,记作

$$\int f(x)\mathrm{d}x = F(x) + C$$

其中记号 $\int$ 称为积分号,$f(x)$ 称为被积函数,$f(x)\mathrm{d}x$ 称为被积表达式,x 称为积分变量.

由此可见,一个函数的不定积分是一个函数族,所以,求不定积分 $\int f(x)\mathrm{d}x$ 时,切记要加 C,否则,求得的结果就不是不定积分的结果了.

从不定积分的定义,即可得导数(或微分)与不定积分的关系:

$$\left(\int f(x)\mathrm{d}x\right)' = f(x) \quad \text{或} \quad \mathrm{d}\int f(x)\mathrm{d}x = f(x)\mathrm{d}x$$

$$\int f'(x)\mathrm{d}x = f(x) + C \quad \text{或} \quad \int \mathrm{d}f(x) = f(x) + C$$

例 1 求(1) $\int x^2\mathrm{d}x$; (2) $\int \sin x\mathrm{d}x$.

解 (1)由于 $\left(\dfrac{1}{3}x^3\right)' = x^2$,所以 $\dfrac{1}{3}x^3$ 是 x^2 的一个原函数,因此有

$$\int x^2\mathrm{d}x = \frac{1}{3}x^3 + C$$

(2)由于 $(-\cos x)' = \sin x$,所以 $-\cos x$ 是 $\sin x$ 的一个原函数,因此有

$$\int \sin x\mathrm{d}x = -\cos x + C$$

例 2 求(1) $\int \dfrac{1}{1+x^2}\mathrm{d}x$; (2) $\int \dfrac{1}{x}\mathrm{d}x$.

解 (1)由于 $(\arctan x)' = \dfrac{1}{1+x^2}$,所以 $\int \dfrac{1}{1+x^2}\mathrm{d}x = \arctan x + C$.

(2)当 $x > 0$ 时,$(\ln x)' = \dfrac{1}{x}$,因此,在 $(0, +\infty)$ 内 $\int \dfrac{1}{x}\mathrm{d}x = \ln x + C$;

当 $x < 0$ 时,$[\ln(-x)]' = \dfrac{1}{x}$,因此,在 $(-\infty, 0)$ 内 $\int \dfrac{1}{x}\mathrm{d}x = \ln(-x) + C$. 将在 $x > 0$ 及 $x < 0$ 内的结果合起来,可写作

$$\int \frac{1}{x}\mathrm{d}x = \ln|x| + C$$

二、不定积分的几何意义

在例 1 中,被积函数 $f(x) = x^2$ 的一个原函数为 $F(x) = \dfrac{1}{3}x^3$,它的图形是一条曲线.$f(x)$

的不定积分 $\int x^2 dx = \dfrac{1}{3}x^3 + C$ 的图形是由曲线 $y = \dfrac{1}{3}x^3$ 沿 y 轴上下平移而得到的一族曲线. 这个曲线族中每一条曲线在横坐标为 x 的点处的切线斜率都是 x^2, 因此, 这些曲线在横坐标相同的点处的切线都相互平行(图 4 - 1).

一般地, 函数 $f(x)$ 的原函数 $F(x)$ 的图形称为函数 $f(x)$ 的积分曲线. 不定积分 $\int f(x)dx$ 的图形是一族积分曲线, 这族曲线可由一条积分曲线 $y = F(x)$ 经上下平移而得到. 这族曲线中的每一条曲线在横坐标为 x 的点处的切线斜率都是 $f(x)$(图 4 - 2).

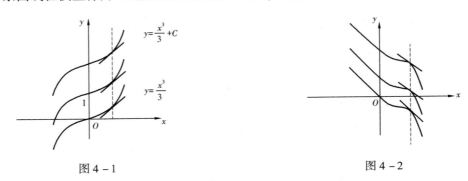

图 4 - 1   图 4 - 2

例 3 已知某曲线上任一点 (x,y) 处的切线斜率为 $2x$, 且该曲线经过点 $(1,2)$, 求该曲线的方程.

解 设所求曲线方程为 $y = f(x)$, 则由题意知, $y' = f'(x) = 2x$, 所以 $y = f(x) = \int f'(x)dx = \int 2x dx$, 由 $(x^2)' = 2x$, 得 $y = \int 2x dx = x^2 + C$, 又由于曲线经过点 $(1,2)$, 所以 $2 = 1 + C$, 即 $C = 1$, 因此所求曲线方程为 $y = x^2 + 1$.

三、基本积分表

由于积分运算是微分运算的逆运算, 所以从基本导数公式, 可以直接得到**基本积分公式**如下:

(1) $\int k dx = kx + C (k$ 为常数$)$;

(2) $\int x^\alpha dx = \dfrac{1}{\alpha + 1}x^{\alpha+1} + C (\alpha \neq -1)$;

(3) $\int \dfrac{1}{x} dx = \ln|x| + C$;

(4) $\int a^x dx = \dfrac{a^x}{\ln a} + C$;

(5) $\int e^x dx = e^x + C$;

(6) $\int \cos x dx = \sin x + C$;

(7) $\int \sin x dx = -\cos x + C$;

(8) $\int \sec^2 x dx = \tan x + C$;

(9) $\displaystyle\int \csc^2 x \mathrm{d}x = -\cot x + C$;

(10) $\displaystyle\int \sec x \tan x \mathrm{d}x = \sec x + C$;

(11) $\displaystyle\int \csc x \cot x \mathrm{d}x = -\csc x + C$;

(12) $\displaystyle\int \frac{1}{\sqrt{1-x^2}} \mathrm{d}x = \arcsin x + C = -\arccos x + C$;

(13) $\displaystyle\int \frac{1}{1+x^2} \mathrm{d}x = \arctan x + C = -\mathrm{arccot}\, x + C$.

这些基本积分公式是积分运算的基础,必须通过反复练习而熟练掌握.

四、不定积分的性质

(1) $\displaystyle\int [f(x) \pm g(x)] \mathrm{d}x = \int f(x) \mathrm{d}x \pm \int g(x) \mathrm{d}x$ (可推广到有限个);

(2) $\displaystyle\int k f(x) \mathrm{d}x = k \int f(x) \mathrm{d}x$ (k 为常数,$k \neq 0$).

例 4 求下列不定积分.

$\qquad$ (1) $\displaystyle\int x^2 \sqrt{x} \mathrm{d}x$; $\qquad\qquad\qquad$ (2) $\displaystyle\int 2^x \mathrm{e}^x \mathrm{d}x$.

解 (1) 原式 $= \displaystyle\int x^{\frac{5}{2}} \mathrm{d}x = \frac{2}{7} x^{\frac{7}{2}} + C$.

$\qquad$ (2) 原式 $= \displaystyle\int (2\mathrm{e})^x \mathrm{d}x = \frac{(2\mathrm{e})^x}{\ln(2\mathrm{e})} + C = \frac{2^x \mathrm{e}^x}{1 + \ln 2} + C$.

例 5 求下列不定积分.

$\qquad$ (1) $\displaystyle\int (3x^5 - 4x + 1) \mathrm{d}x$; $\qquad\qquad$ (2) $\displaystyle\int \left(\frac{2}{x} - \frac{1}{x^2} - \csc^2 x \right) \mathrm{d}x$;

$\qquad$ (3) $\displaystyle\int (x^3 + 3^x + \mathrm{e}^x + \mathrm{e}^3) \mathrm{d}x$.

解 (1) 原式 $= \displaystyle\int 3x^5 \mathrm{d}x - \int 4x \mathrm{d}x + \int \mathrm{d}x = \frac{1}{2} x^6 + C_1 - (2x^2 + C_2) + x + C_3$

$\qquad\qquad = \dfrac{1}{2} x^6 - 2x^2 + x + C$;

$\qquad$ (2) 原式 $= \displaystyle\int \frac{2}{x} \mathrm{d}x - \int \frac{1}{x^2} \mathrm{d}x - \int \csc^2 x \mathrm{d}x = 2\ln|x| + \frac{1}{x} + \cot x + C$;

$\qquad$ (3) 原式 $= \displaystyle\int (x^3 + 3^x + \mathrm{e}^x + \mathrm{e}^3) \mathrm{d}x = \int x^3 \mathrm{d}x + \int 3^x \mathrm{d}x + \int \mathrm{e}^x \mathrm{d}x + \int \mathrm{e}^3 \mathrm{d}x$

$\qquad\qquad = \dfrac{1}{4} x^4 + \dfrac{3^x}{\ln 3} + \mathrm{e}^x + \mathrm{e}^3 x + C$.

注意:遇到分项积分时,不需要对每个积分都加任意常数,只需待各项积分都计算完后,在结果中加一个任意常数就可以了.

通常把这种利用基本积分公式和性质求不定积分的方法叫作直接积分法.

例 6 求下列不定积分.

$\qquad$ (1) $\displaystyle\int \sin^2 \left(\frac{x}{2} \right) \mathrm{d}x$; $\qquad\qquad\qquad$ (2) $\displaystyle\int \frac{(1 + \sqrt{x})(x - \sqrt{x})}{\sqrt[3]{x}} \mathrm{d}x$.

解 （1）原式 $= \int \frac{1 - \cos x}{2} \mathrm{d}x = \frac{1}{2}(x - \sin x) + C.$

（2）原式 $= \int \frac{x\sqrt{x} - \sqrt{x}}{\sqrt[3]{x}} \mathrm{d}x = \int (x^{\frac{7}{6}} - x^{\frac{1}{6}}) \mathrm{d}x = \frac{6}{13}x^{\frac{13}{6}} - \frac{6}{7}x^{\frac{7}{6}} + C.$

例 7 求下列不定积分.

$\qquad$ （1） $\int \frac{1}{x^2(1 + x^2)} \mathrm{d}x$; $\qquad\qquad$ （2） $\int \tan^2 x \mathrm{d}x.$

解 （1）原式 $= \int \left(\frac{1}{x^2} - \frac{1}{1 + x^2} \right) \mathrm{d}x = -\frac{1}{x} - \arctan x + C.$

$\qquad$ （2）原式 $= \int (\sec^2 x - 1) \mathrm{d}x = \tan x - x + C.$

注意：此例是通过拆项后运用基本公式积分，应掌握这一方法.

习题 4－1

1. 一曲线过点 $(0,1)$ ，且在曲线上任意点处切线斜率为 $3x$ ，求该曲线方程.
2. 若 $f(x)$ 的一个原函数是 x^3 ，求 $f(x)$.
3. 若 $\int f(x) \mathrm{d}x = x^2 + \cos x + C$ ，求 $f(x)$.
4. 已知一个函数 $F(x)$ 的导函数为 $\frac{1}{\sqrt{1 - x^2}}$ ，且当 $x = 1$ 时函数值为 $\frac{3}{2}\pi$ ，试求此函数.
5. 计算下列不定积分.

$\qquad$ （1） $\int (x^3 + e^x) \mathrm{d}x$; $\qquad$ （2） $\int \left(\sqrt[3]{x} - \frac{1}{\sqrt{x}} \right) \mathrm{d}x$; $\qquad$ （3） $\int (\sqrt{x} - 1)^2 \mathrm{d}x$;

$\qquad$ （4） $\int \frac{1 - x}{x\sqrt{x}} \mathrm{d}x$; $\qquad$ （5） $\int \left(2^x + \frac{3}{\sqrt{1 - x^2}} \right) \mathrm{d}x$; $\qquad$ （6） $\int \sqrt{\sqrt{x}} \mathrm{d}x$;

$\qquad$ （7） $\int \sec x (\sec x + \tan x) \mathrm{d}x$; $\qquad$ （8） $\int \frac{x^4 + x^2 + 2}{1 + x^2} \mathrm{d}x$; $\qquad$ （9） $\int \frac{1 - e^{2x}}{1 + e^x} \mathrm{d}x$;

$\qquad$ （10） $\int \frac{\cos 2x}{\cos x - \sin x} \mathrm{d}x$; $\qquad$ （11） $\int \cos^2 \frac{x}{2} \mathrm{d}x$; $\qquad$ （12） $\int \frac{1}{\cos^2 x \sin^2 x} \mathrm{d}x.$

第二节 不定积分的换元积分法

$\qquad$ 利用上节介绍的不定积分的性质及基本积分表，所能计算的不定积分是很有限的，必须进一步研究不定积分的积分方法.

一、第一换元法（凑微分法）

$\qquad$ 设 $f(u)$ 具有原函数 $F(u)$ ，即

$$F'(u) = f(u) \text{ 或} \int f(u) \mathrm{d}u = F(u) + C$$

如果 u 是另一变量 x 的函数 $u = \phi(x)$,且设 $\phi(x)$ 可微,那么,根据复合函数微分法,有

$$\mathrm{d}F[\phi(x)] = f[\phi(x)]\phi'(x)\mathrm{d}x$$

从而根据不定积分的定义就得 $\int f[\phi(x)]\phi'(x)\mathrm{d}x = F[\phi(x)] + C = \left[\int f(u)\mathrm{d}u\right]_{u=\phi(x)}$.

于是有下述定理:

定理 1(第一换元积分法) 设 $f(u)$ 具有原函数 $F(u)$,$u = \varphi(x)$ 可导,则有换元积分公式

$$\int f[\phi(x)]\phi'(x)\mathrm{d}x = \left[\int f(u)\mathrm{d}u\right]_{u=\phi(x)} = F(u) + C = F[\phi(x)] + C \qquad (4-1)$$

例 1 求 $\int 3\mathrm{e}^{3x}\mathrm{d}x$.

解 被积函数中,e^{3x} 是一个复合函数,$\mathrm{e}^{3x} = \mathrm{e}^{u}$,$u = 3x$,常数因子 3 恰好是中间变量 u 的导数. 因此,作变换 $u = 3x$,便有

$$\int 3\mathrm{e}^{3x}\mathrm{d}x = \int \mathrm{e}^{3x} \cdot 3\mathrm{d}x = \int \mathrm{e}^{3x}\mathrm{d}(3x) = \left[\int \mathrm{e}^{u}\mathrm{d}u\right]_{u=3x} = [\mathrm{e}^{u} + C]_{u=3x} = \mathrm{e}^{3x} + C$$

例 2 求 $\int (1 - 2x)^{100}\mathrm{d}x$.

解 被积函数 $(1 - 2x)^{100} = u^{100}$,$u = 1 - 2x$,这里缺少 $\dfrac{\mathrm{d}u}{\mathrm{d}x} = -2$ 这样一个因子,但因 -2 是一个常数,故可改变系数凑出这个因子:

$$(1 - 2x)^{100} = -\frac{1}{2}(1 - 2x)^{100} \cdot (-2) = -\frac{1}{2}(1 - 2x)^{100}(1 - 2x)',$$

于是令 $u = 1 - 2x$,便有

$$\int (1 - 2x)^{100}\mathrm{d}x = \int \left(-\frac{1}{2}\right)(1 - 2x)^{100}(1 - 2x)'\mathrm{d}x$$

$$= -\frac{1}{2}\int (1 - 2x)^{100}\mathrm{d}(1 - 2x) = -\frac{1}{2}\int u^{100}\mathrm{d}u$$

$$= -\frac{1}{2} \cdot \frac{1}{101}u^{101} + C = -\frac{1}{202}(1 - 2x)^{101} + C$$

例 3 求下列不定积分.

$$(1) \int \frac{1}{4 + x^2}\mathrm{d}x; \qquad\qquad (2) \int \frac{1}{\sqrt{1 - 9x^2}}\mathrm{d}x.$$

解 $(1) \int \dfrac{1}{4 + x^2}\mathrm{d}x = \dfrac{1}{4}\int \dfrac{1}{1 + \left(\dfrac{x}{2}\right)^2}\mathrm{d}x = \dfrac{1}{2}\int \dfrac{1}{1 + \left(\dfrac{x}{2}\right)^2}\mathrm{d}\left(\dfrac{x}{2}\right)$,令 $u = \dfrac{x}{2}$,则

原式 $= \dfrac{1}{2}\int \dfrac{1}{1 + u^2}\mathrm{d}u = \dfrac{1}{2}\arctan u + C$,再回代,原式 $= \dfrac{1}{2}\arctan\dfrac{x}{2} + C$.

$(2) \int \dfrac{1}{\sqrt{1 - 9x^2}}\mathrm{d}x = \dfrac{1}{3}\int \dfrac{1}{\sqrt{(1 - 3x)^2}}\mathrm{d}(3x)$,令 $u = 3x$,则

原式 $= \dfrac{1}{3}\int \dfrac{1}{\sqrt{1 - u^2}}\mathrm{d}u = \arcsin u + C$,再回代,原式 $= \dfrac{1}{3}\arcsin 3x + C$.

注意:熟练后,中间变量 u 可省去.

第一类换元法关键在于凑微分,即把不定积分中的哪一部分凑成 $\mathrm{d}[\phi(x)]$,这是一种技巧,需要熟记一些等式.

$$\mathrm{d}x = \frac{1}{a}\mathrm{d}(ax + b)\,;\, x\mathrm{d}x = \frac{1}{2}\mathrm{d}(x^2 + b)\,;\, \frac{1}{\sqrt{x}}\mathrm{d}x = 2\mathrm{d}(\sqrt{x})\,;$$

$$\frac{1}{x^2}\mathrm{d}x = -\mathrm{d}\left(\frac{1}{x}\right)\,;\, \frac{1}{x}\mathrm{d}x = \mathrm{d}(\ln x)\,;\, \mathrm{e}^x\mathrm{d}x = \mathrm{d}(\mathrm{e}^x)\,;$$

$$\cos x\mathrm{d}x = \mathrm{d}(\sin x)\,;\, \sin x\mathrm{d}x = -\mathrm{d}(\cos x)\,;\, \sec^2 x\mathrm{d}x = \mathrm{d}(\tan x)\,;$$

$$\csc^2 x\mathrm{d}x = -\mathrm{d}(\cot x)\,;\, \frac{1}{\sqrt{1 - x^2}}\mathrm{d}x = \mathrm{d}(\arcsin x)\,;\, \frac{1}{1 + x^2}\mathrm{d}x = \mathrm{d}(\arctan x).$$

例 4 求下列不定积分.

$$(1)\int\frac{\ln^3 x}{x}\mathrm{d}x\,; \qquad (2)\int\frac{1}{x^2}\sin\frac{1}{x}\mathrm{d}x \qquad (3)\int x\sqrt{1 - x^2}\,\mathrm{d}x.$$

解 $(1)\int\frac{\ln^3 x}{x}\mathrm{d}x = \int(\ln^3 x)\cdot\frac{1}{x}\mathrm{d}x = \int\ln^3 x\mathrm{d}(\ln x) = \frac{1}{4}\ln^4 x + C.$

$(2)\int\frac{1}{x^2}\sin\frac{1}{x}\mathrm{d}x = -\int\sin\frac{1}{x}\mathrm{d}\left(\frac{1}{x}\right) = \cos\frac{1}{x} + C.$

$(3)\int x\sqrt{1 - x^2}\,\mathrm{d}x = -\frac{1}{2}\int\sqrt{1 - x^2}\mathrm{d}(1 - x^2) = -\frac{1}{2}\cdot\frac{2}{3}(1 - x^2)^{\frac{3}{2}} + C$

$$= -\frac{1}{3}(1 - x^2)^{\frac{3}{2}} + C.$$

表 4 – 1 为可用凑微分法计算的一些类型的不定积分列表。当变量代换比较熟练后,书写时可省去中间变量的换元和回代过程.

表 4 – 1   可用凑微分法计算的一些类型的不定积分列表

	积 分 类 型	换 元 公 式
第一类换元法(凑微分法)	$(1)\int f(ax + b)\mathrm{d}x = \frac{1}{a}\int f(ax + b)\mathrm{d}(ax + b)\,(a \neq 0)$	$u = ax + b$
	$(2)\int f(x^\alpha)x^{\alpha-1}\mathrm{d}x = \frac{1}{\alpha}\int f(x^\alpha)\mathrm{d}(x^\alpha)\,(\alpha \neq 0)$	$u = x^\alpha$
	$(3)\int f(\ln x)\cdot\frac{1}{x}\mathrm{d}x = \frac{1}{\alpha}\int f(\ln x)\mathrm{d}(\ln x)$	$u = \ln x$
	$(4)\int f(\mathrm{e}^x)\cdot\mathrm{e}^x\mathrm{d}x = \int f(\mathrm{e}^x)\mathrm{d}\mathrm{e}^x$	$u = \mathrm{e}^x$
	$(5)\int f(a^x)\cdot a^x\mathrm{d}x = \frac{1}{\ln a}\int f(a^x)\mathrm{d}(a^x)$	$u = a^x$
	$(6)\int f(\sin x)\cdot\cos x\mathrm{d}x = \int f(\sin x)\mathrm{d}(\sin x)$	$u = \sin x$
	$(7)\int f(\cos x)\cdot\sin x\mathrm{d}x = -\int f(\cos x)\mathrm{d}(\cos x)$	$u = \cos x$
	$(8)\int f(\tan x)\cdot\sec^2 x\mathrm{d}x = \int f(\tan x)\mathrm{d}(\tan x)$	$u = \tan x$
	$(9)\int f(\cot x)\cdot\csc^2 x\mathrm{d}x = -\int f(\cot x)\mathrm{d}(\cot x)$	$u = \cot x$

例5 求下列不定积分.

（1）$\int \tan x \mathrm{d}x$；　（2）$\int \sin^3 x \mathrm{d}x$；　（3）$\int \cos^2 x \mathrm{d}x$；　（4）$\int \csc x \mathrm{d}x$.

解　（1）$\int \tan x \mathrm{d}x = \int \dfrac{\sin x}{\cos x} \mathrm{d}x = -\int \dfrac{1}{\cos x} \mathrm{d}(\cos x) = -\ln|\cos x| + C$.

类似地

$$\int \cot x \mathrm{d}x = \int \frac{\cos x}{\sin x} \mathrm{d}x = \int \frac{1}{\sin x} \mathrm{d}(\sin x) = \ln|\sin x| + C$$

（2）$\int \sin^3 x \mathrm{d}x = \int \sin^2 x \cdot \sin x \mathrm{d}x = -\int (1 - \cos^2 x) \mathrm{d}(\cos x)$

$$= -\cos x + \frac{1}{3}\cos^3 x + C.$$

（3）$\int \cos^2 x \mathrm{d}x = \int \dfrac{1 + \cos 2x}{2} \mathrm{d}x = \dfrac{1}{2} \int \mathrm{d}x + \dfrac{1}{2} \cdot \dfrac{1}{2} \int \cos 2x \mathrm{d}(2x)$

$$= \frac{1}{2}x + \frac{1}{4}\sin 2x + C.$$

*（4）$\int \csc x \mathrm{d}x = \int \dfrac{1}{\sin x} \mathrm{d}x = \int \dfrac{1}{2\sin \dfrac{x}{2}\cos \dfrac{x}{2}} \mathrm{d}x = \int \dfrac{1}{\tan \dfrac{x}{2}\cos^2 \dfrac{x}{2}} \mathrm{d}\left(\dfrac{x}{2}\right)$

$$= \int \frac{1}{\tan \dfrac{x}{2}} \mathrm{d}\left(\tan \frac{x}{2}\right) = \ln\left|\tan \frac{x}{2}\right| + C.$$

又因为

$$\tan \frac{x}{2} = \frac{1 - \cos x}{\sin x} = \csc x - \cot x,$$

所以，原式 $= \ln|\csc x - \cot x| + C$.

类似地

$$\int \sec x \mathrm{d}x = \ln|\sec x + \tan x| + C.$$

注意：本例是利用三角函数的恒等变形后，再凑微分.

应当知道，对同一函数采用不同的积分方法，其原函数形式上可能相差很大，但事实上它们最多只相差一个常数. 例如：

$$\int \sin x \cos x \mathrm{d}x = \int \sin x \mathrm{d}(\sin x) = \frac{1}{2}\sin^2 x + C$$

$$\int \sin x \cos x \mathrm{d}x = -\int \cos x \mathrm{d}(\cos x) = -\frac{1}{2}\cos^2 x + C$$

$$\int \sin x \cos x \mathrm{d}x = \frac{1}{4}\int \sin 2x \mathrm{d}(2x) = \frac{1}{4}\cos 2x + C$$

上面三种结果都是不定积分 $\int \sin x \cos x \mathrm{d}x$ 的结果，它们都正确，因为它们之间只相差一个常数，只要积分结果求导后，能够得出被积函数，那么求不定积分的运算就是正确的.

二、第二换元法

第一类换元法是将被积表达式 $f[\phi(x)]\phi'(x)\mathrm{d}x$ 凑微分后得到 $f[\varphi(x)]\mathrm{d}\varphi(x)$，再作换

元 $u = \varphi(x)$，且 $f(u)$ 的原函数 $F(u)$ 易求．而在第二类换元法中，被积函数为 $f(x)$，但 $f(x)$ 的原函数不易求出．为此，令 $x = \psi(t)$，被积表达式 $f(x)dx$ 变为 $f[\psi(t)]\psi'(t)dt$，而 $f[\psi(t)]\psi'(t)$ 的原函数 $F(t)$ 易求，然后将 $x = \psi(t)$ 的反函数 $t = \psi^{-1}(x)$ 代入 $F(t)$ 中得到 $f(x)$ 的原函数 $F[\psi^{-1}(x)]$，这便是第二类换元法的思想．

定理 2（第二换元法） 设 $x = \psi(t)$ 具有连续导数 $\psi'(t)$ 且 $\psi'(t) \neq 0$，又设 $f[\psi(t)]\psi'(t)$ 具有原函数 $F(t)$，$t = \psi^{-1}(x)$ 是 $x = \psi(t)$ 的反函数，则 $F[\psi^{-1}(x)]$ 是 $f(x)$ 的原函数，即第二类换元法为 $\int f(x)dx = \int f[\varphi(t)]\varphi'(t)dt = F(t) + c = F[\varphi^{-1}(x)] + C$.

注：第二换元法在不定积分运算中，主要的作用是去根号．下面讨论两种常用类型：

1. 简单根式代换

例 6 求下列不定积分.

$$(1)\int \frac{1}{x + \sqrt{x}}dx; \qquad (2)\int \frac{\sin\sqrt{x}}{\sqrt{x}}dx; \qquad (3)\int \frac{1}{\sqrt{x}(1 + \sqrt[3]{x})}dx.$$

解 （1）令 $\sqrt{x} = t$，则 $x = t^2$，$dx = 2tdt$.

$$\text{原式} = \int \frac{2t}{t^2 + t}dt = 2\int \frac{1}{t+1}dt = 2\int \frac{1}{t+1}d(t+1) = 2\ln(t+1) + C = 2\ln|1 + \sqrt{x}| + C$$

（2）令 $\sqrt{x} = t$，则 $x = t^2$，$dx = 2tdt$，有

$$\text{原式} = \int \frac{\sin t}{t} \cdot 2tdt = 2\int \sin tdt = -2\cos t + C$$

$$= -2\cos\sqrt{x} + C$$

（3）令 $\sqrt[6]{x} = t$，则 $x = t^6$，$dx = 6t^5dt$，有

$$\int \frac{6t^5}{t^3(1 + t^2)}dt = 6\int \frac{t^2}{1 + t^2}dt = 6\int \frac{(t^2 + 1) - 1}{1 + t^2}dt$$

$$= 6\int \left(1 - \frac{1}{1 + t^2}\right)dt = 6(t - \arctan t) + C$$

$$= 6(\sqrt[6]{x} - \arctan \sqrt[6]{x}) + C$$

例 7 求下列不定积分.

$$(1)\int \frac{1}{\sqrt{1 + e^x}}dx; \qquad (2)\int \frac{1}{x} \cdot \sqrt{\frac{1 + x}{x}}dx.$$

解 （1）令 $\sqrt{1 + e^x} = t$，则 $e^x = t^2 - 1$，$x = \ln(t^2 - 1)$，$dx = \frac{2t}{t^2 - 1}dt$，

$$\text{原式} = \int \frac{1}{\sqrt{1 + e^x}}dx = \int \frac{2}{t^2 - 1}dt = \int \left(\frac{1}{t-1} - \frac{1}{t+1}\right)dt = \ln\left|\frac{t-1}{t+1}\right| + C$$

$$= 2\ln(\sqrt{1 + e^x} - 1) - x + C$$

（2）令 $t = \sqrt{\frac{1 + x}{x}}$，$x = \frac{1}{t^2 - 1}$，$dx = \frac{-2t}{(t^2 - 1)^2}dt$，有

$$\text{原式} = \int (t^2 - 1)t \cdot \frac{-2t}{(t^2 - 1)^2}dt = -2\int \frac{t^2}{t^2 - 1}dt = -2\int \frac{t^2 - 1 + 1}{t^2 - 1}dt$$

$$= -2\left(t + \frac{1}{2}\ln\left|\frac{t-1}{t+1}\right|\right) + C = -2\sqrt{\frac{1 + x}{x}} - \ln\left|x\left(\sqrt{\frac{1 + x}{x}} - 1\right)^2\right| + C$$

2. 三角函数代换

例 8 求下列不定积分.

$$(1)\, I = \int \sqrt{a^2 - x^2}\, \mathrm{d}x;\quad (2)\, I = \int \frac{1}{\sqrt{a^2 + x^2}}\, \mathrm{d}x;\quad (3)\, I = \int \frac{1}{\sqrt{x^2 - a^2}}\, \mathrm{d}x.$$

解 (1) 令 $x = a\sin t\left(|t| \leqslant \dfrac{\pi}{2}\right), \mathrm{d}x = a\cos t\, \mathrm{d}t$ (图 4 − 3), 则

$$I = \int \sqrt{a^2 - a^2\sin^2 t} \cdot a\cos t\, \mathrm{d}t = a^2 \int \cos^2 t\, \mathrm{d}t$$

$$= a^2 \int \frac{1 + \cos 2t}{2}\, \mathrm{d}t = \frac{a^2}{2}\left(t + \frac{1}{2}\sin 2t\right) + C$$

$$= \frac{a^2}{2}\arcsin\frac{x}{a} + \frac{x\sqrt{a^2 - x^2}}{2} + C$$

(2) 令 $x = a\tan t\left(-\dfrac{\pi}{2} < t < \dfrac{\pi}{2}\right), \mathrm{d}x = a\sec^2 t\, \mathrm{d}t$ (图 4 − 4), 则

$$I = \int \frac{1}{a\sec t} \cdot a\sec^2 t\, \mathrm{d}t = \int \sec t\, \mathrm{d}t$$

$$= \ln|\sec t + \tan t| + C_1 = \ln\left|\frac{\sqrt{a^2 + x^2}}{a} + \frac{x}{a}\right| + C_1$$

$$= \ln\left|x + \sqrt{a^2 + x^2}\right| + C$$

(3) 令 $x = a\sec t, \mathrm{d}x = a\sec t\tan t\, \mathrm{d}t\left(0 < t < \dfrac{\pi}{2}\right)$ (图 4 − 5), 则

$$I = \int \frac{1}{a\tan t} \cdot a\sec t\tan t\, \mathrm{d}t$$

$$= \int \sec t\, \mathrm{d}t = \ln|\sec t + \tan t| + C_1$$

$$= \ln\left|\frac{x}{a} + \frac{\sqrt{x^2 - a^2}}{a}\right| + C_1$$

$$= \ln\left|x + \sqrt{x^2 - a^2}\right| + C.$$

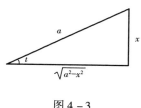

图 4 − 3

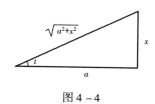

图 4 − 4

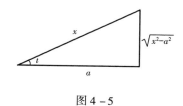

图 4 − 5

以上代换称为**三角代换**,对于三角代换有如下总结:
第二类换元法中,常用的几种三角代换见表 4 − 2.

表 4-2

类　　型	被积函数含有根式	可 作 变 换	代 换 结 果
1	$\sqrt{a^2 - x^2}$	$x = a\sin t$	$a\cos x$
2	$\sqrt{a^2 + x^2}$	$x = a\tan t$	$a\sec x$
3	$\sqrt{x^2 - a^2}$	$x = a\sec t$	$a\tan x$

*例9　求 $\displaystyle\int \frac{1}{x\sqrt{1+x^2}}\,\mathrm{d}x$.

解法一　令 $x = \tan t$, $\mathrm{d}x = \sec^2 t\,\mathrm{d}t$,

$$原式 = \int \frac{\sec^2 t}{\tan t \cdot \sec t}\,\mathrm{d}t = \int \frac{\sec t}{\tan t}\,\mathrm{d}t = \int \csc\,\mathrm{d}t = \ln|\csc t - \cot t| + C$$

$$= \left|\frac{\sqrt{1+x^2}-1}{x}\right| + C$$

解法二　令 $\sqrt{1+x^2} = t$, $x = \sqrt{t^2-1}$, 则 $\mathrm{d}x = \dfrac{t}{\sqrt{t^2-1}}\mathrm{d}t$, 于是有

$$\int \frac{1}{x\sqrt{1+x^2}}\mathrm{d}x = \int \frac{t}{\sqrt{t^2-1}\cdot t \cdot \sqrt{t^2-1}}\mathrm{d}t = \int \frac{1}{t^2-1}\mathrm{d}t$$

$$= \frac{1}{2}\ln\left|\frac{t-1}{t+1}\right| + C = \frac{1}{2}\ln\left|\frac{\sqrt{1+x^2}-1}{\sqrt{1+x^2}+1}\right| + C$$

$$= \frac{1}{2}\ln\left|\frac{(\sqrt{1+x^2}-1)^2}{x^2}\right| + C = \ln\left|\frac{\sqrt{1+x^2}-1}{x}\right| + C$$

注意:用换元积分法求不定积分时,可以有多种方法作变量代换(如例9).

以下各式,也可作为**积分公式**使用.

(1) $\displaystyle\int \tan x\,\mathrm{d}x = -\ln|\cos x| + C$;

(2) $\displaystyle\int \cot x\,\mathrm{d}x = \ln|\sin x| + C$;

(3) $\displaystyle\int \sec x\,\mathrm{d}x = \ln|\sec x + \tan x| + C$;

(4) $\displaystyle\int \csc x\,\mathrm{d}x = \ln|\csc x - \cot x| + C$;

(5) $\displaystyle\int \frac{1}{\sqrt{a^2+x^2}}\,\mathrm{d}x = \frac{1}{a}\arctan\frac{x}{a} + C$;

(6) $\displaystyle\int \frac{1}{x^2-a^2}\,\mathrm{d}x = \frac{1}{2a}\ln\left|\frac{x-a}{x+a}\right| + C$;

(7) $\displaystyle\int \frac{1}{\sqrt{a^2-x^2}}\,\mathrm{d}x = \arcsin\frac{x}{a} + C$;

(8) $\displaystyle\int \frac{\mathrm{d}x}{\sqrt{x^2+a^2}} = \ln(x + \sqrt{x^2+a^2}) + C$;

(9) $\int \dfrac{\mathrm{d}x}{\sqrt{x^2 - a^2}} = \ln\left|x + \sqrt{x^2 - a^2}\right| + C$.

习题 4－2

1. 填空使下列等式成立.

(1) $\mathrm{d}x = $ _____ $\mathrm{d}(7x - 3)$;　　(2) $x\mathrm{d}x = $ _____ $\mathrm{d}(1 - x^2)$;　　(3) $x^3\mathrm{d}x = $ _____ $\mathrm{d}(3x^4 - 2)$;

(4) $\mathrm{e}^{3x}\mathrm{d}x = $ _____ $\mathrm{d}(\mathrm{e}^{3x})$;　　(5) $\dfrac{1}{x}\mathrm{d}x = $ _____ $\mathrm{d}(5\ln|x|)$;　　(6) $\dfrac{1}{\sqrt{t}}\mathrm{d}t = $ _____ $\mathrm{d}(\sqrt{t})$.

2. 求下列不定积分.

(1) $\int (2 - 3x)^{\frac{3}{2}}\mathrm{d}x$;　　(2) $\int \mathrm{e}^{-2x}\mathrm{d}x$;　　(3) $\int \dfrac{\mathrm{d}x}{\sqrt[3]{5 - 3x}}$;

(4) $\int x(x^2 + 1)^5\mathrm{d}x$;　　(5) $\int x\sqrt{4 - x^2}\mathrm{d}x$;　　(6) $\int \dfrac{\mathrm{e}^{\frac{1}{x}}}{x^2}\mathrm{d}x$;

(7) $\int \dfrac{\mathrm{e}^{3\sqrt{x}}}{\sqrt{x}}\mathrm{d}x$;　　(8) $\int \dfrac{\mathrm{e}^x}{\mathrm{e}^x + 1}\mathrm{d}x$;　　(9) $\int \dfrac{1}{x\ln x\ln\ln x}\mathrm{d}x$;

(10) $\int \mathrm{e}^{\sin x}\cos x\,\mathrm{d}x$;　　(11) $\int \sec^3 x\tan x\,\mathrm{d}x$;　　(12) $\int \sec^4 x\tan^2 x\,\mathrm{d}x$;

(13) $\int \dfrac{\sin x\cos x}{\sqrt{1 - \sin^4 x}}\mathrm{d}x$;　　(14) $\int \dfrac{1}{\sqrt{x(1 - x)}}\mathrm{d}x$　　(15) $\int \dfrac{\sin x\cos x}{1 + \cos^4 x}\mathrm{d}x$;

(16) $\int x(x + 2)^{10}\mathrm{d}x$;　　(17) $\int \dfrac{x + 1}{\sqrt[3]{x^2 + 2x}}\mathrm{d}x$;　　(18) $\int \dfrac{1}{x(4 - \ln^2 x)}\mathrm{d}x$;

(19) $\int \dfrac{\mathrm{e}^{2x}}{\mathrm{e}^{4x} + 4}\mathrm{d}x$;　　(20) $\int \dfrac{\mathrm{e}^{2x}}{4 + \mathrm{e}^{4x}}\mathrm{d}x$;　　(21) $\int \dfrac{2^x}{\sqrt{1 - 4^x}}\mathrm{d}x$;

(22) $\int \dfrac{1}{x\sqrt{1 - \ln^2 x}}\mathrm{d}x$;　　(23) $\int \dfrac{\mathrm{e}^{2x}}{\mathrm{e}^{4x} - 4}\mathrm{d}x$;　　(24) $\int \dfrac{\sin x\cos x}{1 + \sin^4 x}\mathrm{d}x$.

3. 求下列不定积分.

(1) $\int \dfrac{\mathrm{d}x}{\sqrt{x} + \sqrt[4]{x}}$;　　(2) $\int \dfrac{\mathrm{d}x}{1 + \sqrt[3]{1 + x}}$;　　(3) $\int \dfrac{\sqrt{x}}{1 + x}\mathrm{d}x$;

(4) $\int \dfrac{\sqrt{x^2 - 9}}{x}\mathrm{d}x$;　　(5) $\int \dfrac{1}{x\sqrt{x^2 + 4}}\mathrm{d}x$　　(6) $\int \dfrac{1}{x^2\sqrt{1 - x^2}}\mathrm{d}x$;

(7) $\int \dfrac{1}{\sqrt{(x^2 + 1)^3}}\mathrm{d}x$;　　(8) $\int \dfrac{x^3}{\sqrt{(a^2 + x^2)^3}}\mathrm{d}x$;

(9) $\int \sqrt{1 - \mathrm{e}^{2x}}\mathrm{d}x$(提示:令 $t = \sqrt{1 - \mathrm{e}^{2x}}$).

第三节　不定积分的分部积分法

分部积分法是又一种基本积分法,它与微分法中乘积的求导法则相对应,适用于被积函数是两种不同类型函数乘积的积分.

设函数 $u = u(x)$，$v = v(x)$ 具有连续的导数 $u'(x)$ 和 $v'(x)$，则由乘积的微分运算法则可得

$$d(uv) = u\,dv + v\,du \quad 或 \quad u\,dv = d(uv) - v\,du$$

对上式两边积分，得

$$\int u\,dv = uv - \int v\,du$$

上式称为**分部积分公式**. 利用上式求不定积分的方法叫分部积分法.

分部积分公式可将 $\int u\,dv$ 的计算转化为对 $\int v\,du$ 的计算. 利用分部积分公式求不定积分的关键在于如何将所给积分 $\int f(x)\,dx$ 化为 $\int u\,dv$ 形式，所采用的主要方法就是凑微分. 下面通过具体例子说明 u 和 dv 的选择、确定方法.

一、$\int x^n \cos kx\,dx$，$\int x^n \sin kx\,dx$，$\int x^n e^{kx}\,dx$（n 为正整数，k 为常数）的分部积分

例 1　求 $\int x e^x\,dx$.

解　设 $u = x$，$dv = e^x\,dx$，即 $v' = e^x$；于是 $u' = 1$，$v = \int v'\,dx = \int e^x\,dx = e^x$；由分部积分公式得

$$\int x e^x\,dx = x e^x - \int 1 \cdot e^x\,dx = x e^x - e^x + C.$$

例 2　求 $\int x \cos x\,dx$.

解　设 $u = x$，$dv = \cos x\,dx$，即 $v' = \cos x$；于是 $u' = 1$，$v = \int v'\,dx = \int \cos x\,dx = \sin x$；由分部积分公式得 $\int x \cos x\,dx = x \sin x - \int 1 \cdot \sin x\,dx = x \sin x + \cos x + C.$

以上例题，若选 $u = \cos x$，$dv = x\,dx$，则积分不但没有转化为更易计算的积分形式，反而更加复杂，导致无法求得积分结果.

由此可知，运用分部积分公式的关键在于选择 u 和 dv，其原则是：

（1）由 dv 易求 v；

（2）$\int v\,du$ 比 $\int u\,dv$ 简单且易于积出.

当被积函数是幂函数与正弦函数、余弦函数或指数函数乘积时，选择幂函数为 u，其余部分化为 dv.

二、$\int x^n \ln x\,dx$，$\int x^n \arcsin x\,dx$，$\int x^n \arctan x\,dx$（n 为非负整数）的分部积分

例 3　求下列不定积分.

（1）$\int \ln x\,dx$；　　（2）$\int \arctan x\,dx$；　　（3）$\int \arccos x\,dx$；　　（4）$\int x \ln x\,dx.$

解　（1）原式 $= x \ln x - \int x\,d\ln x = x \ln x - \int x \cdot \dfrac{1}{x}\,dx$

$$= x \ln x - x + C$$

（2）原式 $= x \arctan x - \int x\,d\arctan x$

$$= x \arctan x - \int x \cdot \frac{1}{1+x^2} dx$$

$$= x \arctan x - \frac{1}{2} \int \frac{1}{1+x^2} d(1+x^2)$$

$$= x \arctan x - \frac{1}{2} \ln(1+x^2) + C$$

（3）原式 $= x \arccos x + \int x \frac{1}{\sqrt{1-x^2}} dx$

$$= x \arccos x - \frac{1}{2} \int \frac{1}{\sqrt{1-x^2}} d(1-x^2)$$

$$= x \arccos x - \sqrt{1-x^2} + C$$

（4）原式 $= \frac{1}{2} \int \ln x d(x^2) = \frac{1}{2} \left(x^2 \ln x - \int x^2 \cdot \frac{1}{x} dx \right)$

$$= \frac{1}{2} \left(x^2 \ln x - \frac{1}{2} x^2 \right) + C = \frac{1}{2} x^2 \ln x - \frac{1}{4} x^2 + C$$

当被积函数是幂函数与对数函数或反三角函数乘积时,要把幂函数部分化为 dv,对数函数或反三角函数选作 u.

三、$\int e^x \sin x dx$, $\int e^x \cos x dx$ 的分部积分

例4 求 $\int e^x \sin x dx$.

解 $\int e^x \sin x dx = \int e^x \sin x dx = \int \sin x de^x = \sin x \cdot e^x - \int e^x d\sin x$

$$= \sin x \cdot e^x - \int e^x \cos x dx = \sin x \cdot e^x - \int \cos x de^x$$

$$= \sin x \cdot e^x - \cos x \cdot e^x - \int e^x \sin x dx（出现循环）$$

所以, $\int e^x \sin x dx = \frac{\sin x - \cos x}{2} e^x + C$（循环积分）.

注意:（1）被积函数是指数函数与正(余)弦函数相乘积,选择哪个函数为 u 都可以;

（2）本例出现循环积分.

下面的例子进一步表明,积分计算是十分灵活的,有些积分要先用分部积分法,再用换元积分法,而有些积分则必须先用换元积分法,再用分部积分法,才能得到最后结果.

例5 求下列不定积分.

（1）$\int e^{\sqrt{x}} dx$; （2）$\int \frac{\ln(1+x)}{\sqrt{x}} dx$.

解 （1）令 $\sqrt{x} = t$, $x = t^2$, $dx = 2t dt$,有

原式 $= 2 \int e^t t dt = 2 \int t de^t = 2 \left(t e^t - \int e^t dt \right)$

$$= 2t e^t - 2e^t + C = 2e^{\sqrt{x}}(\sqrt{x} - 1) + C$$

解法一 （2）原式 $= 2 \int \ln(1+x) d\sqrt{x} = 2\sqrt{x} \ln(1+x) - 2 \int \frac{\sqrt{x}}{1+x} dx$

设 $\sqrt{x} = t, x = t^2, dx = 2tdt$, 有

$$\int \frac{\sqrt{x}}{1+x}dx = \int \frac{t}{1+t^2} \cdot 2tdt = 2\int\left(1 - \frac{1}{1+t^2}\right)dt$$

$$= 2(t - \arctan t) + C_1 = 2(\sqrt{x} - \arctan\sqrt{x}) + C_1$$

于是, 原式 $= 2\sqrt{x}\ln(1+x) - 4(\sqrt{x} - \arctan\sqrt{x}) + C.$

解法二 设 $\sqrt{x} = t, x = t^2, dx = 2tdt$,

$$原式 = \int \frac{\ln(1+t^2)}{t} \cdot 2tdt = 2\int\ln(1+t^2)dt = 2t\ln(1+t^2) - 2\int t \cdot \frac{2t}{1+t^2}dt$$

$$= 2t\ln(1+t^2) - 4\int\left(1 - \frac{1}{1+t^2}\right)dt = 2t\ln(1+t^2) - 4(t - \arctan t) + C$$

$$= 2\sqrt{x}\ln(1+x) - 4(\sqrt{x} - \arctan\sqrt{x}) + C$$

习题 4-3

1. 求下列不定积分.

(1) $\int x\sin x dx$;   (2) $\int xe^{-x}dx$;   (3) $\int x^2 e^{-x}dx$;   (4) $\int \ln(1+x^2)dx$;

(5) $\int \arcsin x dx$;   (6) $\int \frac{\ln x}{x^2}dx$;   (7) $\int \frac{\arctan x}{x^2}dx$;   (8) $\int e^{-x}\cos x dx$;

(9) $\int \frac{x\text{arccot}x}{\sqrt{1+x^2}}dx$;   (10) $\int e^{\sqrt{2x-1}}dx$;   (11) $\int \arctan\sqrt{x}dx$;   (12) $\int x^2 \arccos x dx.$

2. 设 $f(x)$ 的一个原函数是 $\frac{\sin x}{x}$, 试求 $\int xf'(x)dx$.

复习题四

1. 选择题.

(1) 若 $\int f(x)dx = F(x) + C.$ 则 $\int e^{-x}f(e^{-x})dx = ($ $).$

A. $F(e^x) + C$

B. $-F(e^{-x}) + C$

C. $F(e^{-x}) + C$

D. $\frac{F(e^{-x})}{x} + C$

(2) $\int xf''(x)dx = ($ $).$

A. $xf'(x) + C$

B. $xf'(x) - f(x) + C$

C. $\frac{1}{2}x^2 f'(x) + C$

D. $(x+1)f'(x) + C$

$(3) \int \dfrac{\mathrm{d}x}{1 + \sqrt{x}} = ($ $).$

A. $2[\sqrt{x} - \ln(1 + \sqrt{x})] + C$　　　　　B. $\ln(1 + \sqrt{x}) + C$

C. $2[\sqrt{x} + \ln(1 + \sqrt{x})] + C$　　　　　D. $\dfrac{1}{2}[\sqrt{x} - \ln(1 + \sqrt{x})] + C$

$(4) f(x) = (2x)^m (m \neq -1)$ 的原函数的一般表达式是(   ).

A. $2m(2x)^{m-1}$　　　　　　　　　　B. $\dfrac{1}{m+1}(2x)^{m+1} + C$

C. $\dfrac{2^m}{m+1}x^{m+1} + C$　　　　　　　D. $\displaystyle\int_a^b (2x)^m \mathrm{d}x$

2. 填空题.

(1) 设函数 $f(x)$ 的一个原函数是 $\dfrac{1}{x}$, 则 $f'(x) = $ _____ .

(2) 若 $f'(x^2) = \dfrac{1}{x}(x > 0)$ 则 $f(x) = $ _____ .

(3) 设 $\int f(x)\mathrm{d}x = \cos\sqrt{x} + c$ 则 $f(x) = $ _____ .

$(4) \int e^x \sin e^x \mathrm{d}x = $ _____ .

$(5) \int x \cdot \sqrt[3]{1 + x^2}\,\mathrm{d}x = $ _____ .

$(6) \int f(x)\mathrm{d}x = \tan\dfrac{1}{x} + C$, 则 $f(x) = $ _____ .

3. 求下列不定积分.

$(1) \displaystyle\int (3 - 2x)^3 \mathrm{d}x;$　　　　$(2) \displaystyle\int \dfrac{\mathrm{d}x}{\sqrt[3]{2 - 3x}};$　　　　$(3) \displaystyle\int x(1 + x^2)^{11}\mathrm{d}x;$

$(4) \displaystyle\int \dfrac{\sqrt[3]{1 + \ln x}}{x}\mathrm{d}x;$　　　　$(5) \displaystyle\int \cos^3 x \mathrm{d}x;$　　　　$(6) \displaystyle\int \sin^2 x \cos^5 x \mathrm{d}x;$

$(7) \displaystyle\int \dfrac{\mathrm{d}x}{x^2 - 8x + 25};$　　　　$(8) \displaystyle\int \dfrac{1}{1 + \sqrt{1 - x^2}}\mathrm{d}x;$　　　　$(9) \displaystyle\int \tan^3 x \sec x \mathrm{d}x;$

$(10) \displaystyle\int \dfrac{\mathrm{d}x}{x\sqrt{x^2 - 1}};$　　　　$(11) \displaystyle\int \dfrac{x^5}{\sqrt{1 + x^2}}\mathrm{d}x;$　　　　$(12) \displaystyle\int \dfrac{(x + 1)^2}{x(x^2 + 1)}\mathrm{d}x.$

4. 求下列不定积分.

$(1) \displaystyle\int x\sin x \mathrm{d}x;$　　　　$(2) \displaystyle\int x^2 \ln x \mathrm{d}x;$　　　　$(3) \displaystyle\int \ln^2 x \mathrm{d}x;$

$(4) \displaystyle\int x^2 \cos^2 \dfrac{x}{2}\mathrm{d}x;$　　　　$(5) \displaystyle\int \arcsin x \mathrm{d}x;$　　　　$(6) \displaystyle\int \sin(\ln x)\mathrm{d}x;$

$(7) \displaystyle\int x^2 \arctan x \mathrm{d}x;$　　　　$(8) \displaystyle\int e^{-2x}\sin\dfrac{x}{2}\mathrm{d}x.$

5. 设 $\sin x^2$ 为 $f(x)$ 的一个原函数, 求 $\int x^2 f(x)\mathrm{d}x$.

自 测 题 四

一、判断题(每题 6 分,共 10 题,总分 60 分).

1. $\int x \mathrm{d}x = x^2 + C$.

2. $\int x^2 \mathrm{d}x = x^3$.

3. $\int \frac{1}{x^2} \mathrm{d}x = \frac{1}{x} + C$.

4. $\int \sin x \mathrm{d}x = \cos x + C$.

5. $\int \cos x \mathrm{d}x = \sin x + C$.

6. 若 $f(x)$ 的一个原函数是 x^2,则 $f(x) = 2x + C$.

7. 若 $f(x)$ 的一个原函数是 $3x^2$,则 $f(x) = x^3 + C$.

8. 若 $f(x)$ 的一个原函数是 $\sin x$,则 $\int f(x) \mathrm{d}x = \sin x + C$.

9. $\int (2x + \mathrm{e}^{-x}) \mathrm{d}x = x^2 - \mathrm{e}^{-x} + C$.

10. $\int \cos 5x \mathrm{d}x = \sin 5x + C$.

二、计算题(每题 10 分,共 4 题,总分 40 分).

1. 直接积分法.

(1)计算 $\int \frac{x^2 + 2x\mathrm{e}^x - 3}{x} \mathrm{d}x$.

(2)计算 $\int \frac{x^3 - x\cos x + 4}{x} \mathrm{d}x$.

2. 换元法与分部积分法.

(1)计算 $\int (2x - 3)^{10} \mathrm{d}x$.

(2)计算 $\int x\mathrm{e}^x \mathrm{d}x$.

第五章 定 积 分

定积分是"高等数学"课程的核心内容之一. 本章先是在实例分析基础上,引出定积分概念,进而讨论定积分性质,研究微积分基本定理,阐述定积分的换元法和分部法,最后讨论定积分的应用.

下面就从积分问题中比较典型的曲边梯形面积的计算谈起.

第一节 定积分概述

一、曲边梯形面积

在初等数学中,主要掌握的是直边形及特殊的圆弧围成的平面图形面积的求解方法,而对于由任意曲线所围成的图形,如何计算它的面积呢?

如图 5-1 所示,对于一个边缘是由曲线围成的池塘,想计算它的面积,可采用如下做法:

1. 分割成曲边梯形

先用几组互相垂直的平行直线,把它分成若干部分:内部是小的矩形,边缘是一些不规则的图形(它们由直线段与曲线围成),小矩形的面积可以用长乘以宽来计算;那么问题就归结为计算边缘不规则图形的面积上,求解这些不规则图形的面积的关键是计算如图 5-1 阴影部分所示的曲边梯形(由三条直线段与一条曲线围成,其中两条直线段垂直于同一条直线段)的面积.

2. 计算曲边梯形面积

将图 5-1 阴影部分所示的小曲边梯形进行适当的放大,然后把它放在直角坐标系中,让两条互相平行的直边垂直 x 轴,第三条直边与 x 轴重合,如图 5-2 所示,并且假设在该坐标系下,曲边的方程为 $y=f(x)$ 是区间 $[a,b]$ 上的非负连续函数. 下面,来求由直线 $x=a,x=b,y=0$ 及曲线 $y=f(x)$ 所围成的曲边梯形的面积 A 的值,具体做法如下:

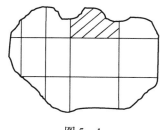

图 5-1

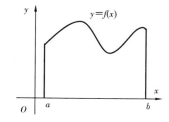

图 5-2

(1)分割:在 $[a,b]$ 区间上任取 $n-1$ 个分点 $a=x_0<x_1<x_2<\cdots<x_{n-1}<x_n=b$,将 $[a,b]$ 分为 n 个小区间 $[x_{i-1},x_i](i=1,2,3,\cdots,n)$;然后,过每个分点作 x 轴的垂线,把整个曲边梯形分成 n 个小曲边梯形(图 5-3);在第 i 个小区间 $[x_{i-1},x_i](i=1,2,3,\cdots,n)$ 上任取一点 ξ_i,记小区间 $[x_{i-1},x_i]$ 的长度为 Δx_i,且 $\Delta x_i=x_i-x_{i-1}(i=1,2,3,\cdots,n)$.

（2）取近似值：在第 i 个小区间 $[x_{i-1}, x_i]$ 上，以 $f(\xi_i)$ 为高，Δx_i 为底，作小矩形（图 5 - 4），用矩形面积 $f(\xi_i)\Delta x_i$ 近似代替 $[x_{i-1}, x_i]$ 上小曲边梯形的面积 A_i，即

$$A_i \approx f(\xi_i)\Delta x_i (i = 1, 2, 3, \cdots, n)$$

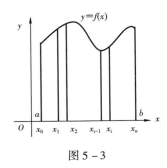

图 5 - 3

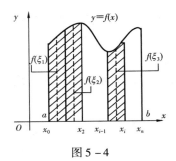

图 5 - 4

（3）求和：将这 n 个小区间的矩形面积相加得到曲边梯形面积 A 的近似值，即

$$A \approx f(\xi_1)\Delta x_1 + f(\xi_2)\Delta x_2 + \cdots + f(\xi_n)\Delta x_n = \sum_{i=1}^{n} f(\xi_i)\Delta x_i$$

从上面的式子可以看出，Δx_i 越小，上式的近似程度就越高，小矩形面积和越接近于曲边梯形面积 A. 因此，可通过极限的方法来确定曲边梯形面积值.

（4）取极限：取 $\lambda = \max\{\Delta x_1, \Delta x_2, \cdots, \Delta x_n\}$，则当 $\lambda \to 0$ 时，每个小区间 $[x_{i-1}, x_i]$（$i = 1, 2, 3, \cdots, n$）的长度 Δx_i 都趋近于零，此时，和式的极限值便是所求面积 A，即

$$A = \lim_{\lambda \to 0} \sum_{i=1}^{n} f(\xi_i)\Delta x_i$$

二、定积分的定义

抽去上面例子的实际意义，只从数量关系上来研究这个极限，便得到了下面定积分的定义：

定义　设函数 $f(x)$ 在区间 $[a, b]$ 上有定义，在 $[a, b]$ 内任取 $n - 1$ 个分点 $a = x_0 < x_1 < x_2 < \cdots < x_{n-1} < x_n = b$，分 $[a, b]$ 为 n 个小区间 $[x_{i-1}, x_i]$（$i = 1, 2, 3, \cdots, n$）；在每个小区间 $[x_{i-1}, x_i]$ 上任取一点 ξ_i，记 $[x_{i-1}, x_i]$ 的长度为 Δx_i；取 $\lambda = \max\{\Delta x_1, \Delta x_2, \cdots, \Delta x_n\}$，当 $\lambda \to 0$ 时，和式 $\sum_{i=1}^{n} f(\xi_i)\Delta x_i$ 的极限存在且为常数 I，则称函数 $f(x)$ 在 $[a, b]$ 上可积，将常数 I 称为 $f(x)$ 在 $[a, b]$ 上的定积分，记作 $\int_a^b f(x)\mathrm{d}x$，即

$$\int_a^b f(x)\mathrm{d}x = \lim_{\lambda \to 0} \sum_{i=1}^{n} f(\xi_i)\Delta x_i = I$$

定积分 $\int_a^b f(x)\mathrm{d}x$ 中的 $f(x)$ 称为**被积函数**，$f(x)\mathrm{d}x$ 为**被积表达式**，x 为**积分变量**，a, b 分别为积分的**下限和上限**，区间 $[a, b]$ 为**积分区间**.

关于定积分定义的几点说明：

（1）定积分如果存在，则它是一个常数. 定积分 $\int_a^b f(x)\mathrm{d}x$ 的值由被积函数 $f(x)$ 及积分区

间$[a,b]$决定,与采用什么字母作为积分变量无关,如$\int_0^1 x^2\,\mathrm{d}x = \int_0^1 t^2\,\mathrm{d}t = \int_0^1 u^2\,\mathrm{d}u$.

(2)定义中要求$a < b$,在实际应用中有可能遇到$b \leqslant a$的情况,因此规定

$$\int_a^a f(x)\,\mathrm{d}x = 0 \ \text{及} \int_a^b f(x)\,\mathrm{d}x = -\int_b^a f(x)\,\mathrm{d}x$$

(3)当函数$f(x)$在区间$[a,b]$上连续或在区间$[a,b]$上有界,且只有有限个第一类间断点时,则$f(x)$在区间$[a,b]$上可积.

三、定积分的几何意义

假设$f(x)$在$[a,b]$上可积,则

(1)若在$[a,b]$上$f(x) \geqslant 0$,则从前面曲边梯形的面积问题可知,定积分$\int_a^b f(x)\,\mathrm{d}x$与曲线$y = f(x)$在$[a,b]$区间上围成曲边梯形的面积相等,即

$$\int_a^b f(x)\,\mathrm{d}x = A$$

例如(图5-5):$\int_a^b x\,\mathrm{d}x = \dfrac{1}{2}(b^2 - a^2)$.

(2)若在$[a,b]$上$f(x) \leqslant 0$(图5-6),则

$$\int_a^b f(x)\,\mathrm{d}x \leqslant 0$$

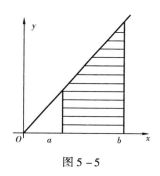

图5-5

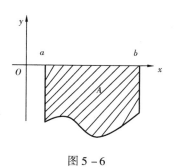

图5-6

此时,$\int_a^b f(x)\,\mathrm{d}x$的值是曲线$y = f(x)$与直线$x = a,x = b$及$x$轴所围成的曲边梯形的面积的相反数,即$\int_a^b f(x)\,\mathrm{d}x = -A$.

(3)若在$[a,b]$上$f(x)$有正有负(图5-7),则$\int_a^b f(x)\,\mathrm{d}x$等于$[a,b]$上位于$x$轴上方的图形面积减去$x$轴下方的图形面积. 于是有

$$\int_a^b f(x)\,\mathrm{d}x = \int_a^{x_1} f(x)\,\mathrm{d}x + \int_{x_1}^{x_2} f(x)\,\mathrm{d}x + \int_{x_2}^b f(x)\,\mathrm{d}x = -A_1 + A_2 - A_3$$

式中,A_1,A_2,A_3为$f(x)$与x轴所围图形的面积.

例1 利用定积分的几何意义,求$\int_{-3}^3 \sqrt{9 - x^2}\,\mathrm{d}x$的值.

解 函数 $f(x) = \sqrt{9-x^2}$ 表示以 $O(0,0)$ 为圆心,半径为 3 的上半圆(图 5-8),所以有

$$\int_{-3}^{3} \sqrt{9-x^2}\,dx = \frac{\pi \cdot 3^2}{2} = \frac{9}{2}\pi$$

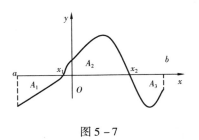

图 5-7

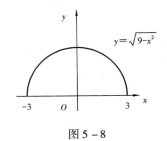

图 5-8

四、定积分的性质

下列各定积分的性质中的函数,如无特殊说明,则在所讨论的积分区间内均是可积的.

1. 线性性质

设 α,β 是常数,则 $\int_a^b [\alpha f(x) \pm \beta g(x)]\,dx = \alpha \int_a^b f(x)\,dx \pm \beta \int_a^b g(x)\,dx$,即函数和(或差)积分等于积分之和(或差),被积函数乘以的常数可以提到积分号外.

2. 可加性

设 c 为任意常数,则 $\int_a^b f(x)\,dx = \int_a^c f(x)\,dx + \int_c^b f(x)\,dx$.

对分段函数的积分,往往是把分段点作为积分区间的分点,例如:

$$f(x) = \begin{cases} \varphi(x), & a \leq x < c \\ h(x), & c \leq x \leq b \end{cases}$$

则

$$\int_a^b f(x)\,dx = \int_a^c f(x)\,dx + \int_c^b f(x)\,dx = \int_a^c \varphi(x)\,dx + \int_c^b h(x)\,dx$$

3. 保号性

设在 $[a,b]$ 上,$f(x) \geq 0$,则

$$\int_a^b f(x)\,dx \geq 0$$

推论 1(比较定理)   设在 $[a,b]$ 上,$f(x) \geq g(x)$,则

$$\int_a^b f(x)\,dx \geq \int_a^b g(x)\,dx$$

推论 2(估值定理)   设在 $[a,b]$ 上,$A \leq f(x) \leq B$,则

$$A(b-a) \leq \int_a^b f(x)\,dx \leq B(b-a)$$

推论 3
$$\left| \int_a^b f(x)\,dx \right| \leq \int_a^b \left| f(x) \right|\,dx$$

推论4(积分中值定理) 设 $f(x)$ 在 $[a,b]$ 上连续,则至少存在一点 $\xi(\xi\in[a,b])$,使得

$$\int_a^b f(x)\mathrm{d}x = f(\xi)(b-a)$$

称式中的 $f(\xi)$ 为 $f(x)$ 在 $[a,b]$ 上的均值,即

$$f(\xi) = \frac{1}{b-a}\int_a^b f(x)\mathrm{d}x$$

例2 比较 $\int_1^e \ln x\mathrm{d}x$ 与 $\int_1^e \ln^2 x\mathrm{d}x$ 的大小.

解 在 $[1,e]$ 上,$0\le\ln x\le1$,故 $\ln^2 x\le\ln x$,由比较定理

$$\int_1^e \ln x\mathrm{d}x \ge \int_1^e \ln^2 x\mathrm{d}x$$

例3 估计下列积分的值.

$$(1)\ \int_0^\pi (1+\sqrt{\sin x})\mathrm{d}x;\qquad (2)\ \int_0^1 (x^2-\arctan x^2)\mathrm{d}x.$$

解 (1) 由于 $0\le\sqrt{\sin x}\le1$,故 $1\le1+\sqrt{\sin x}\le2$,从而有

$$\pi\le\int_0^\pi (1+\sqrt{\sin x})\mathrm{d}x\le2\pi$$

(2) 令 $f(x)=x^2-\arctan x^2$,显然,在 $[0,1]$ 上 $f'(x)\ge0$,$f(x)=x^2-\arctan x^2$ 单调递增,从而

$$0=f(0)\le f(x)\le f(1)=1-\frac{\pi}{4}$$

由估值定理

$$0\le\int_0^1 (x^2-\arctan x^2)\mathrm{d}x\le1-\frac{\pi}{4}$$

习题 5-1

1. 利用定积分的几何意义说明.

$$(1)\ \int_{-\pi}^\pi \sin x\mathrm{d}x = 0;\qquad\qquad (2)\ \int_{-\frac{\pi}{2}}^{\frac{\pi}{2}} \cos x\mathrm{d}x = 2\int_0^{\frac{\pi}{2}} \cos x\mathrm{d}x.$$

2. 利用定积分几何意义求下列定积分.

$$(1)\ \int_{-2}^2 \sqrt{4-x^2}\mathrm{d}x;\qquad (2)\ \int_0^4 \sqrt{4x-x^2}\mathrm{d}x;\qquad (3)\ \int_0^4 (2x+3)\mathrm{d}x.$$

3. 不计算积分,比较下列各组积分值的大小.

$$(1)\ \int_1^2 x\mathrm{d}x\ \text{与}\ \int_1^2 x^3\mathrm{d}x;\qquad\qquad (2)\ \int_0^\pi \mathrm{e}^{-x^2}\mathrm{d}x\ \text{与}\ \int_\pi^{2\pi} \mathrm{e}^{-x^2}\mathrm{d}x;$$

$$(3)\ \int_3^4 \ln^2 x\mathrm{d}x\ \text{与}\ \int_3^4 \ln x\mathrm{d}x;\qquad (4)\ \int_0^{\frac{\pi}{2}} \sin x\mathrm{d}x\ \text{与}\ \int_0^{\frac{\pi}{2}} x\mathrm{d}x.$$

4. 不计算定积分,估计下列定积分的值.

$$(1)\ \int_0^1 (1+x^2)\mathrm{d}x;\qquad\qquad (2)\ \int_{\frac{\pi}{2}}^\pi (1+\sin^2 x)\mathrm{d}x;$$

$$(3) \int_0^2 e^{x^2-x} dx; \qquad\qquad (4) \int_{-1}^1 \sqrt{1+x^2}\, dx.$$

第二节　微积分基本公式

定积分作为一种特定的和式极限,显然,直接利用它来计算是一件十分繁杂的事.本节将通过对定积分和原函数的关系讨论,得到一种计算定积分的简便而有效的方法——"牛顿—莱布尼兹"(Newton—Leibniz)公式,即微积分基本公式.

一、变上限函数

设 $y = f(x)$ 是 $[a,b]$ 上的连续函数,现引进符号 $\Phi(x) = \int_a^x f(t) dt (a \leqslant x \leqslant b)$,由于 x 在 $[a,b]$ 上变化,定积分 $\int_a^x f(t) dt$ 的值随 x 而变化,因此 $\int_a^x f(t) dt$ 是上限变量 x 的函数,故称 $\Phi(x) = \int_a^x f(t) dt (a \leqslant x \leqslant b)$ 为变上限函数或变上限积分.

定理1 如果函数 $y = f(x)$ 是 $[a,b]$ 上的连续函数,那么变上限函数

$$\Phi(x) = \int_a^x f(t) dt \quad (a \leqslant x \leqslant b)$$

在 $[a,b]$ 上具有导数,并且它的导数等于被积函数,即

$$\Phi'(x) = \frac{d}{dx}\int_a^x f(t) dt = f(x)$$

证明 对任意 $x \in (a,b)$,有

$$\Phi'(x) = \lim_{\Delta x \to 0} \frac{\Phi(x + \Delta x) - \Phi(x)}{\Delta x} = \lim_{\Delta x \to 0} \frac{1}{\Delta x}\left[\int_a^{x+\Delta x} f(t) dt - \int_a^x f(t) dt\right]$$

$$= \lim_{\Delta x \to 0} \frac{1}{\Delta x}\int_x^{x+\Delta x} f(t) dt$$

由积分中值定理,得到

$$\int_x^{x+\Delta x} f(t) dt = f(\xi)\Delta x$$

其中 ξ 在 x 与 $x + \Delta x$ 之间,且当 $\Delta x \to 0$ 时, $\xi \to x$ 又 $f(x)$ 在 $[a,b]$ 上连续,所以

$$\lim_{\Delta x \to 0} f(\xi) = \lim_{\xi \to x} f(\xi) = f(x)$$

因此, $\Phi'(x) = \lim_{\Delta x \to 0} \frac{1}{\Delta x}\int_x^{x+\Delta x} f(t) dt = \lim_{\xi \to x} f(\xi) = f(x)$.

定理1说明了 $\Phi(x)$ 是连续函数 $f(x)$ 的一个原函数,于是有如下定理:

定理2(原函数存在定理) 在区间 $[a,b]$ 上的连续函数 $y = f(x)$ 的原函数一定存在,即 $\Phi(x) = \int_a^x f(t) dt (a \leqslant x \leqslant b)$ 就是 $y = f(x)$ 的一个原函数.

结合复合函数求导的法则,得

$$\left[\int_a^{\varphi(x)} f(t)\,dt\right]' = f(\varphi(x))\varphi'(x)$$

$$\left[\int_{h(x)}^{\varphi(x)} f(t)\,dt\right]' = f(\varphi(x))\varphi'(x) - f(h(x))h'(x)$$

例1 求下列函数的导数.

(1) $\varPhi(x) = \int_0^x \ln(1+t^3)\,dt$;   (2) $\varPhi(x) = \int_0^{x^2} e^{t^2}\,dt$;

*(3) $\varPhi(x) = \int_0^x \sin(x-t)^2\,dt$.

解 (1) $\varPhi'(x) = \dfrac{d}{dx}\int_0^x \ln(1+t^3)\,dt = \ln(1+x^3)$.

(2) $\varPhi'(x) = \dfrac{d}{dx}\int_0^{x^2} e^{t^2}\,dt = e^{(x^2)^2}(x^2)' = 2xe^{x^4}$.

(3) 令 $x-t=u$,则有

$$\int_0^x \sin(x-t)^2\,dt = -\int_x^0 \sin u^2\,du = \int_0^x \sin u^2\,du$$

所以

$$\varPhi'(x) = \frac{d}{dx}\int_0^x \sin(x-t)^2\,dt = \frac{d}{dx}\int_0^x \sin u^2\,du = \sin x^2$$

例2 计算极限.

(1) $\displaystyle\lim_{x\to 0} \frac{\int_0^x \sin t^2\,dt}{x^3}$;   (2) $\displaystyle\lim_{x\to 0} \frac{\int_0^{2x} \sin 2t\,dt}{\ln(1+x^2)}$.

解 (1) 当 $x\to 0$ 时,极限式为"$\dfrac{0}{0}$"型未定式,由洛必达法则有

$$\lim_{x\to 0} \frac{\int_0^x \sin t^2\,dt}{x^3} = \lim_{x\to 0} \frac{(\int_0^x \sin t^2\,dt)'}{(x^3)'} = \lim_{x\to 0} \frac{\sin x^2}{3x^2} = \frac{1}{3}$$

(2) 当 $x\to 0$ 时,$\ln(1+x^2) \sim x^2$,极限式为"$\dfrac{0}{0}$"型未定式,由洛必达法则有

$$\lim_{x\to 0} \frac{\int_0^{2x} \sin 2t\,dt}{\ln(1+x^2)} = \lim_{x\to 0} \frac{\int_0^{2x} \sin 2t\,dt}{x^2} = \lim_{x\to 0} \frac{2\sin 4x}{2x} = 4$$

二、牛顿—莱布尼兹公式

定理3 设 $f(x)$ 在 $[a,b]$ 上连续,且 $F(x)$ 是 $f(x)$ 在 $[a,b]$ 上的一个原函数,则有

$$\int_a^b f(x)\,dx = F(x)\Big|_a^b = F(b) - F(a)$$

证明 已知 $F(x)$ 是 $f(x)$ 的一个原函数,根据定理1,有

$$\Phi(x) = \int_a^x f(t)\mathrm{d}t \,(a \leq x \leq b)$$

也是 $f(x)$ 的一个原函数,因此,在区间 $[a,b]$ 上,有 $\Phi(x) = F(x) = C$(其中 C 为常数),于是

$$\Phi(b) = F(b) + C, \Phi(a) = F(a) + C$$

两式相减,得到

$$\Phi(b) - \Phi(a) = F(b) - F(a)$$

由于

$$\Phi(b) = \int_a^b f(t)\mathrm{d}t, \Phi(a) = \int_a^a f(t)\mathrm{d}t = 0$$

所以

$$\int_a^b f(x)\mathrm{d}x = F(b) - F(a)$$

上式称为**"牛顿—莱布尼兹"**公式,它建立了定积分与原函数之间的内在联系,把定积分的计算转化为求原函数的问题,从而给定积分的计算提供了一个简便而有效的方法.

注意:若 $f(x)$ 在 $[a,b]$ 上有第一类间断点存在,则依据积分可加性,积分便可转移到连续区间上计算,而不改变积分大小.

例3 计算下列定积分.

(1) $\int_0^1 x^n \mathrm{d}x \,(n \geq 1)$;   (2) $\int_{-\frac{\pi}{2}}^{\frac{\pi}{2}} \cos x \mathrm{d}x$;   (3) $\int_0^{\pi} \sin x \mathrm{d}x$;

(4) $\int_0^1 \mathrm{e}^x \mathrm{d}x$;   (5) $\int_{-1}^1 \frac{1}{1+x^2}\mathrm{d}x$.

解 (1) $\int_0^1 x^n \mathrm{d}x = \frac{1}{n+1}x^{n+1}\Big|_0^1 = \frac{1}{n+1}(1^{n+1} - 0^{n+1}) = \frac{1}{n+1}$.

(2) $\int_{-\frac{\pi}{2}}^{\frac{\pi}{2}} \cos x \mathrm{d}x = \sin x \Big|_{-\frac{\pi}{2}}^{\frac{\pi}{2}} = \sin\frac{\pi}{2} - \sin\left(-\frac{\pi}{2}\right) = 2$.

(3) $\int_0^{\pi} \sin x \mathrm{d}x = -\cos x \Big|_0^{\pi} = -(\cos\pi - \cos 0) = 2$.

(4) $\int_0^1 \mathrm{e}^x \mathrm{d}x = \mathrm{e}^x \Big|_0^1 = \mathrm{e}^1 - \mathrm{e}^0 = \mathrm{e} - 1$.

(5) $\int_{-1}^1 \frac{1}{1+x^2}\mathrm{d}x = \arctan x \Big|_{-1}^1 = \arctan 1 - \arctan(-1) = \frac{\pi}{2}$.

例4 求分段函数 $f(x) = \begin{cases} 2\mathrm{e}^x, & -1 \leq x < 0 \\ x+1, & 0 \leq x \leq 1 \end{cases}$ 的定积分 $\int_{-1}^1 f(x)\mathrm{d}x$.

解 由积分的可加性

$$\int_{-1}^1 f(x)\mathrm{d}x = \int_{-1}^0 f(x)\mathrm{d}x + \int_0^1 f(x)\mathrm{d}x = \int_{-1}^0 2\mathrm{e}^x \mathrm{d}x + \int_0^1 (x+1)\mathrm{d}x$$

$$= 2\mathrm{e}^x \Big|_{-1}^0 + \left(\frac{1}{2}x^2 + x\right)\Big|_0^1 = 2 - 2\mathrm{e}^{-1} + \frac{3}{2} = \frac{7}{2} - \frac{2}{\mathrm{e}}$$

例5 求下列定积分.

(1) $\int_0^2 |x-1|\mathrm{d}x$;   (2) $\int_0^{\pi} \sqrt{\cos^2 x}\,\mathrm{d}x$.

解　(1) $\int_0^2 |x-1|\,\mathrm{d}x = \int_0^1 (1-x)\,\mathrm{d}x + \int_1^2 (x-1)\,\mathrm{d}x = \left(x - \dfrac{1}{2}x^2\right)\bigg|_0^1 + \left(\dfrac{1}{2}x^2 - x\right)\bigg|_1^2 = 1.$

(2) $\int_0^\pi \sqrt{\cos^2 x}\,\mathrm{d}x = \int_0^\pi |\cos x|\,\mathrm{d}x = \int_0^{\frac{\pi}{2}} \cos x\,\mathrm{d}x + \int_{\frac{\pi}{2}}^\pi (-\cos x)\,\mathrm{d}x$

$$= \sin x\bigg|_0^{\frac{\pi}{2}} - \sin x\bigg|_{\frac{\pi}{2}}^\pi = 2.$$

注意:例 5 的关键是去绝对值,利用积分区间的可加性转化为两个定积分计算.

例 6　汽车以 36km/h 的速度行驶,到某处需要减速停车,该汽车以加速度 $a = -5\mathrm{m/s}^2$ 刹车,问从开始刹车到停车,汽车走了多少距离?

解　先计算从刹车到停车经过的时间,当 $t=0$ 时汽车速度为

$$v_0 = 36(\mathrm{km/h}) = \frac{36 \times 1000}{3600}(\mathrm{m/s}) = 10(\mathrm{m/s})$$

刹车后汽车减速行驶,其速度为 $v(t) = v_0 + (-5)t = 10 - 5t$,当汽车停住时,速度 $v(t) = 0$,故从

$$v(t) = 10 - 5t = 0$$

解得

$$t = 2(\mathrm{s})$$

于是在这段时间内汽车走过的距离为

$$s = \int_0^2 v(t)\,\mathrm{d}t = \int_0^2 (10 - 5t)\,\mathrm{d}t = \left[10t - \frac{5}{2}t^2\right]_0^2 = 10(\mathrm{m})$$

即在刹车后,汽车需要走过 10m 才能停住.

习题　5-2

1. 求下列各函数的导数.

(1) $\Phi(x) = \int_0^x \dfrac{1}{1+t^2}\,\mathrm{d}t$;　　　(2) $\Phi(x) = \int_1^{x^2} t\mathrm{e}^{\sqrt{t}}\,\mathrm{d}t$;　　　(3) $\Phi(x) = \int_{\cos x}^{\sin x}(1-t^2)\,\mathrm{d}t.$

2. 求下列极限值.

(1) $\displaystyle\lim_{x\to 0} \dfrac{\int_0^x \mathrm{e}^{t^2}\,\mathrm{d}t}{\sin x}$;　　　　　　　　(2) $\displaystyle\lim_{x\to 0} \dfrac{\int_0^x (\mathrm{e}^{t^2}-1)\,\mathrm{d}t}{x^3}$;

(3) $\displaystyle\lim_{x\to 0} \dfrac{\int_0^x \cos^2 t\,\mathrm{d}t}{x}$;　　　　　　　(4) $\displaystyle\lim_{x\to 0} \dfrac{\int_0^x \arctan t\,\mathrm{d}t}{x^2}.$

3. 利用牛顿—莱布尼兹公式计算下列定积分.

(1) $\int_0^1 \sqrt{x}\,\mathrm{d}x$;　　　　(2) $\int_0^\pi (\sin x + \cos x)\,\mathrm{d}x$;　　　(3) $\int_0^{\frac{\pi}{2}} \sin^2 \dfrac{x}{2}\,\mathrm{d}x$;

(4) $\int_0^a (\sqrt{a} - \sqrt{x})^2\,\mathrm{d}x$;　　(5) $\int_0^{2\pi} |\sin x|\,\mathrm{d}x$;　　　　(6) $\int_0^5 |x^2 - 3x + 2|\,\mathrm{d}x.$

第三节　定积分的换元法

把不定积分的换元法用于定积分,得到下面的定理:

定理 1　如果函数 $y = f(x)$ 在 $[a,b]$ 上连续,函数 $x = \varphi(t)$ 在 $[\alpha,\beta]$ 上单调且具有连续导数,当 t 在 $[\alpha,\beta]$ 上变化时,$x = \varphi(t)$ 的值在 $[a,b]$ 上变化,且 $\varphi(\alpha) = a$,$\varphi(\beta) = b$,则有

$$\int_a^b f(x)\mathrm{d}x = \int_\alpha^\beta f(\varphi(t))\varphi'(t)\mathrm{d}t .$$

上式称为定积分的换元公式,应用时要注意**"换元同时换限"**.

例 1　求 $\int_0^{\frac{\pi}{2}} \sin^3 x \cos x \mathrm{d}x$

解　$\int_0^{\frac{\pi}{2}} \sin^3 x \cos x \mathrm{d}x = \int_0^{\frac{\pi}{2}} \sin^3 x \mathrm{d}(\sin x)$

令 $\sin x = t$,$x = 0$ 时,$t = 0$;$x = \dfrac{\pi}{2}$ 时,$t = 1$. 于是

原式 $= \int_0^1 t^3 \mathrm{d}t = \dfrac{1}{4} \cdot t^4 \Big|_0^1 = \dfrac{1}{4}(1 - 0) = \dfrac{1}{4}$

例 2　求 $\int_1^4 \dfrac{1}{x + \sqrt{x}} \mathrm{d}x$.

解　令 $\sqrt{x} = t$,则 $x = t^2$,$\mathrm{d}x = 2t\mathrm{d}t$;

当 $x = 1$ 时,$t = 1$;当 $x = 4$ 时,$t = 2$. 于是

原式 $= \int_1^2 \dfrac{1}{t^2 + t} 2t\mathrm{d}t = 2\int_1^2 \dfrac{1}{t + 1} \mathrm{d}(t + 1) = 2\ln(t + 1)\Big|_1^2 = 2\ln\dfrac{3}{2}$

例 3　求 $\int_0^3 \dfrac{x}{\sqrt{x + 1}} \mathrm{d}x$.

解　令 $\sqrt{x + 1} = t$,则 $x = t^2 - 1$,$\mathrm{d}x = 2t\mathrm{d}t$;

当 $x = 0$ 时,$t = 1$;当 $x = 3$ 时,$t = 2$. 于是

原式 $= \int_1^2 \dfrac{t^2 - 1}{t} \cdot 2t\mathrm{d}t = 2\int_1^2 (t^2 - 1)\mathrm{d}t = 2\left(\dfrac{1}{3}t^3 - t\right)\Big|_1^2 = \dfrac{8}{3}$

例 4　求 $\int_0^a x^2 \sqrt{a^2 - x^2} \mathrm{d}x (a > 0)$.

解　令 $x = a\sin t \left(0 \leqslant t \leqslant \dfrac{\pi}{2}\right)$,$\mathrm{d}x = a\cos t\mathrm{d}t$;

当 $x = 0$ 时,$t = 0$;当 $x = a$ 时,$t = \dfrac{\pi}{2}$. 则

原式 $= \int_0^{\frac{\pi}{2}} a^2 \sin^2 t \cdot a\cos t \cdot a\cos t\mathrm{d}t = a^4 \int_0^{\frac{\pi}{2}} \sin^2 t \cdot \cos^2 t\mathrm{d}t = \dfrac{a^4}{4} \int_0^{\frac{\pi}{2}} \sin^2 2t\mathrm{d}t$

$= \dfrac{a^4}{8} \int_0^{\frac{\pi}{2}} (1 - \cos 4t)\mathrm{d}t = \dfrac{a^4}{8}\left(t - \dfrac{1}{4}\sin 4t\right)\Big|_0^{\frac{\pi}{2}} = \dfrac{\pi a^4}{16}$

利用定积分的换元法,可以得到奇、偶函数的积分性质.

定理 2 设 $f(x)$ 在 $[-a,a]$ 上连续,

(1) 如果 $f(x)$ 在 $[-a,a]$ 上是奇函数,则 $\int_{-a}^{a} f(x)\mathrm{d}x = 0$;

(2) 如果 $f(x)$ 在 $[-a,a]$ 上是偶函数,则 $\int_{-a}^{a} f(x)\mathrm{d}x = 2\int_{0}^{a} f(x)\mathrm{d}x$.

上述定理,由定积分的几何意义容易得到解释,这里不作证明.

例 5 求下列定积分.

$$(1)\ \int_{-5}^{5} \frac{x^2\sin^3 x}{1+x^4}\mathrm{d}x ; \qquad (2)\ \int_{-\frac{\pi}{2}}^{\frac{\pi}{2}} \cos 2x\mathrm{d}x .$$

解 (1) 因为 $f(x) = \dfrac{x^2\sin^3 x}{1+x^4}$ 是奇函数,积分区间 $[-5,5]$ 关于原点对称,所以

$$\int_{-5}^{5} \frac{x^2\sin^3 x}{1+x^4}\mathrm{d}x = 0$$

(2) 原式 $= 2\int_{0}^{\frac{\pi}{2}} \cos 2x\mathrm{d}x = \int_{0}^{\frac{\pi}{2}} \cos 2x\mathrm{d}(2x) = \sin 2x \Big|_{0}^{\frac{\pi}{2}} = \sin 2 \cdot \dfrac{\pi}{2} - \sin 0 = 0$.

例 6 求 $\int_{-2}^{2} (1 + \sin^3 x + 5x^4)\mathrm{d}x$.

解 原式 $= \int_{-2}^{2} (1 + 5x^4)\mathrm{d}x = 2\int_{0}^{2} (1 + 5x^4)\mathrm{d}x = 2(x + x^5) \Big|_{0}^{2} = 68$.

例 7 证明 $\int_{0}^{\frac{\pi}{2}} \sin^n x\mathrm{d}x = \int_{0}^{\frac{\pi}{2}} \cos^n x\mathrm{d}x$.

证明: 设 $x = \dfrac{\pi}{2} - t, \mathrm{d}x = -\mathrm{d}t$;

当 $x = 0$ 时, $t = \dfrac{\pi}{2}$;当 $x = \dfrac{\pi}{2}$ 时, $t = 0$. 于是

$$\int_{0}^{\frac{\pi}{2}} \sin^n x\mathrm{d}x = \int_{\frac{\pi}{2}}^{0} \sin^n\left(\frac{\pi}{2} - t\right)(-\mathrm{d}t) = -\int_{\frac{\pi}{2}}^{0} \cos^n t\mathrm{d}t = \int_{0}^{\frac{\pi}{2}} \cos^n t\mathrm{d}t = \int_{0}^{\frac{\pi}{2}} \cos^n x\mathrm{d}x$$

即

$$\int_{0}^{\frac{\pi}{2}} \sin^n x\mathrm{d}x = \int_{0}^{\frac{\pi}{2}} \cos^n x\mathrm{d}x$$

习题 5 - 3

1. 计算下列定积分.

$$(1)\ \int_{0}^{1} x\mathrm{e}^{x^2}\mathrm{d}x ; \qquad (2)\ \int_{0}^{1} \frac{\arctan x}{1+x^2}\mathrm{d}x ; \qquad (3)\ \int_{0}^{\frac{\pi}{2}} \sin x\cos^2 x\mathrm{d}x ;$$

$$(4)\ \int_{1}^{e} \frac{\mathrm{d}x}{x\ \sqrt{1+\ln x}} ; \qquad (5)\ \int_{0}^{\ln 2} \frac{\mathrm{e}^x}{1+\mathrm{e}^{2x}}\mathrm{d}x ; \qquad (6)\ \int_{0}^{1} \sqrt{4-x^2}\mathrm{d}x ;$$

$$(7)\ \int_{-1}^{1} \frac{1}{x^2+x+1}\mathrm{d}x ; \qquad (8)\ \int_{0}^{2} \frac{\mathrm{d}x}{\sqrt{x+1}+\sqrt{(x+1)^3}} ; \qquad (9)\ \int_{1}^{2} \frac{\sqrt{x^2-1}}{x}\mathrm{d}x ;$$

$$(10)\ \int_{1}^{2} \frac{\mathrm{e}^{\frac{1}{x}}}{x^2}\mathrm{d}x ; \qquad (11)\ \int_{0}^{1} \frac{1}{1+\mathrm{e}^{-x}}\mathrm{d}x .$$

2. 利用奇偶性计算下列定积分.

(1) $\int_{-\pi}^{\pi} x^2 \sin^3 x \, dx$;　　　(2) $\int_{-\frac{1}{2}}^{\frac{1}{2}} \frac{(\arcsin x)^2}{\sqrt{1-x^2}} \, dx$;　　　(3) $\int_{-a}^{a} \frac{1}{(a^2+x^2)^{\frac{3}{2}}} \, dx \, (a > 0)$;

(4) $\int_{-\frac{1}{2}}^{\frac{1}{2}} \cos x \ln \frac{1+x}{1-x} \, dx$;　　(5) $\int_{-1}^{1} x e^{x^2} \cos^3 x \, dx$.

第四节　定积分的分部积分法

由不定积分的分部积分公式,容易得到定积分的分部积分公式.

设函数 $u(x)$, $v(x)$ 在 $[a,b]$ 上具有连续导数 $u'(x)$ 和 $v'(x)$, 则

$$\int_a^b u \, dv = (uv) \Big|_a^b - \int_a^b v \, du$$

上式便为定积分的分部积分公式.

关于定积分的分部积分法,应注意:定积分与不定积分分部积分公式的区别在于,计算过程中带有积分上、下限.

例1　求 $\int_0^1 x e^x \, dx$.

解　$\int_0^1 x e^x \, dx = \int_0^1 x \, d(e^x) = (x e^x) \Big|_0^1 - \int_0^1 e^x \, dx = e - e^x \Big|_0^1 = e - (e-1) = 1$

例2　求 $\int_0^{\frac{\pi}{2}} x \cos x \, dx$.

解　$\int_0^{\frac{\pi}{2}} x \cos x \, dx = \int_0^{\frac{\pi}{2}} x \, d(\sin x) = (x \sin x) \Big|_0^{\frac{\pi}{2}} - \int_0^{\frac{\pi}{2}} \sin x \, dx = \frac{\pi}{2} + \cos x \Big|_0^{\frac{\pi}{2}} = \frac{\pi}{2} - 1$.

例3　求 $\int_1^e \ln x \, dx$.

解　$\int_1^e \ln x \, dx = (x \ln x) \Big|_1^e - \int_1^e x \cdot \frac{1}{x} \, dx = e - \int_1^e dx = e - x \Big|_1^e = 1$.

例4　求 $\int_1^4 \frac{\ln x}{\sqrt{x}} \, dx$.

解　$\int_1^4 \frac{\ln x}{\sqrt{x}} \, dx = 2 \int_1^4 \ln x \, d(\sqrt{x}) = 2(\sqrt{x} \ln x) \Big|_1^4 - 2 \int_1^4 \sqrt{x} \cdot \frac{1}{x} \, dx$

$$= 8 \ln 2 - 4\sqrt{x} \Big|_1^4 = 8 \ln 2 - 8 + 4 = 8 \ln 2 - 4$$

例5　求 $\int_0^1 x \arctan x \, dx$.

解　$\int_0^1 x \arctan x \, dx = \frac{1}{2} \int_0^1 \arctan x \, d(x^2)$

$$= \frac{1}{2} x^2 \arctan x \Big|_0^1 - \frac{1}{2} \int_0^1 x^2 \cdot \frac{1}{1+x^2} \, dx$$

$$= \frac{\pi}{8} - \frac{1}{2}(x - \arctan x) \Big|_0^1 = \frac{\pi}{8} - \frac{1}{2}\left(1 - \frac{\pi}{4}\right) = \frac{\pi}{4} - \frac{1}{2}$$

习题 5-4

计算下列定积分.

(1) $\int_0^{\frac{\pi}{2}} x \sin x \, dx$;　　　　(2) $\int_0^1 x e^{-x} \, dx$;　　　　(3) $\int_{\frac{1}{e}}^e |\ln x| \, dx$;

(4) $\int_0^{\frac{1}{2}} \arcsin x \, dx$;　　　　(5) $\int_0^{\frac{\pi}{2}} e^x \sin x \, dx$;　　　　(6) $\int_{\frac{1}{2}}^1 e^{\sqrt{2x-1}} \, dx$;

(7) $\int_0^{\frac{\pi}{2}} \sin^8 x \, dx$;　　　　(8) $\int_0^1 x^5 \sqrt{1 - x^2} \, dx$.

*第五节　广义积分

前面讨论的定积分要求被积函数为有界函数,积分区间为有限区间,但在实际应用中,常遇到被积函数为无界函数或积分区间为无限区间的积分问题. 这就是下面要介绍的广义积分.

一、积分区间为无穷的广义积分

定义 1　设函数 $f(x)$ 在 $[a, +\infty)$ 上有定义,且对任意 $b > a, f(x)$ 在 $[a, b]$ 上可积,称极限 $\lim\limits_{b \to +\infty} \int_a^b f(x) \, dx$ 为函数 $f(x)$ 在 $[a, +\infty)$ 上的广义积分,记作 $\int_a^{+\infty} f(x) \, dx$

即
$$\int_a^{+\infty} f(x) \, dx = \lim_{b \to +\infty} \int_a^b f(x) \, dx \tag{5-1}$$

若极限存在,则称此广义积分收敛,否则,称此广义积分发散. 类似地有

$$\int_{-\infty}^b f(x) \, dx = \lim_{a \to -\infty} \int_a^b f(x) \, dx \tag{5-2}$$

以及　　$\int_{-\infty}^{+\infty} f(x) \, dx = \int_{-\infty}^c f(x) \, dx + \int_c^{+\infty} f(x) \, dx = \lim\limits_{a \to -\infty} \int_a^c f(x) \, dx + \lim\limits_{b \to +\infty} \int_c^b f(x) \, dx$ 　(5-3)

从广义积分的定义,值得注意以下两点:

(1) 在式 (5-3) 中,若两个积分中有一个发散,则此广义积分发散;

(2) 积分收敛与否以及收敛时积分的值都与 c 的选取无关,通常可取 $c = 0$.

例 1　计算广义积分 $\int_1^{+\infty} \frac{1}{x^2} \, dx$.

解　$\int_1^{+\infty} \frac{1}{x^2} \, dx = \lim\limits_{b \to +\infty} \int_1^b \frac{1}{x^2} \, dx$

$$= \lim_{b \to +\infty} \left(-\frac{1}{x}\right) \Big|_1^b$$

$$= \lim_{b \to +\infty} \left(-\frac{1}{b}\right) + 1 = 0 + 1 = 1.$$

例2 讨论广义积分 $\int_1^{+\infty} \dfrac{1}{\sqrt{x}(1+x)}\mathrm{d}x$ 的敛散性.

解 令 $\sqrt{x}=t, x=t^2, \mathrm{d}x=2t\mathrm{d}t; t\in[1,+\infty]$. 则有

$$\int_1^{+\infty} \frac{1}{\sqrt{x}(1+x)}\mathrm{d}x = \lim_{b\to+\infty}\int_1^b \frac{1}{\sqrt{x}(1+x)}\mathrm{d}x = \lim_{b\to+\infty}\int_1^{\sqrt{b}} \frac{2t}{t(1+t^2)}\mathrm{d}t = 2\lim_{b\to+\infty}\int_1^{\sqrt{b}} \frac{1}{(1+t^2)}\mathrm{d}t$$

$$= 2\lim_{b\to+\infty}(\arctan\sqrt{b}-\arctan 1) = 2\left(\frac{\pi}{2}-\frac{\pi}{4}\right) = \frac{\pi}{2}$$

该广义积分收敛.

例3 求积分 $I = \int_{-\infty}^{+\infty} \dfrac{1}{1+x^2}\mathrm{d}x$.

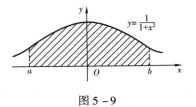

图 5-9

解 如图 5-9 所示,由定义 1,得

$$I = \lim_{a\to-\infty}\int_a^0 \frac{1}{1+x^2}\mathrm{d}x + \lim_{b\to+\infty}\int_0^b \frac{1}{1+x^2}\mathrm{d}x$$

$$= -\lim_{a\to-\infty}\arctan a + \lim_{b\to+\infty}\arctan b = \pi$$

二、被积函数为无界函数的广义积分

定义2 设函数 $f(x)$ 在 $[a,b)$ 上连续,且 $\lim\limits_{x\to b^-}f(x)=\infty$,则称点 b 为 $f(x)$ 的奇点,称极限

$$\lim_{\varepsilon\to 0^+}\int_a^{b-\varepsilon}f(x)\mathrm{d}x \quad (a<b-\varepsilon) \tag{5-4}$$

为函数 $f(x)$ 在 $[a,b)$ 上的广义积分,记作 $\int_a^b f(x)\mathrm{d}x$,即

$$\int_a^b f(x)\mathrm{d}x = \lim_{\varepsilon\to 0^+}\int_a^{b-\varepsilon}f(x)\mathrm{d}x \quad (a<b-\varepsilon)$$

若极限存在则称此广义积分收敛,否则称此广义积分发散.

类似地,若 $f(x)$ 在 $(a,b]$ 上连续,且 $\lim\limits_{x\to a^+}f(x)=\infty$,则称点 a 为 $f(x)$ 的奇点,也定义 $f(x)$ 在 $(a,b]$ 上的广义积分

$$\int_a^b f(x)\mathrm{d}x = \lim_{\varepsilon\to 0^+}\int_{a+\varepsilon}^b f(x)\mathrm{d}x \tag{5-5}$$

若 $x=c$ 为 $[a,b]$ 内的奇点,则当 $\int_a^c f(x)\mathrm{d}x$ 与 $\int_c^b f(x)\mathrm{d}x$ 都收敛时,称广义积分 $\int_a^b f(x)\mathrm{d}x$ 收敛,即

$$\int_a^b f(x)\mathrm{d}x = \int_a^c f(x)\mathrm{d}x + \int_c^b f(x)\mathrm{d}x$$

例4 讨论广义积分 $I = \int_0^1 \dfrac{1}{x^p}\mathrm{d}x$ 的敛散性(p 为参数,且 $p>0$).

解 $x=0$ 为 $f(x)=\dfrac{1}{x^p}$ 的奇点,当 $p=1$ 时,有

$$I = \lim_{\varepsilon \to 0^+} \int_{\varepsilon}^1 \frac{1}{x} \mathrm{d}x = \lim_{\varepsilon \to 0^+} \ln|x| \Big|_{\varepsilon}^1 = \lim_{\varepsilon \to 0^+} (\ln|1| - \ln|\varepsilon|) = +\infty$$

当 $p \neq 1$ 时,有

$$I = \lim_{\varepsilon \to 0^+} \int_{\varepsilon}^1 \frac{1}{x^p} \mathrm{d}x = \lim_{\varepsilon \to 0^+} \frac{1}{1-p} \cdot \frac{1}{x^{p-1}} \Big|_{\varepsilon}^1 = \lim_{\varepsilon \to 0^+} \frac{1}{p-1} \left(1 - \frac{1}{\varepsilon^{p-1}} \right)$$

$$= \begin{cases} \dfrac{1}{1-p}, & 0 < p < 1 \\ +\infty, & p > 1 \end{cases}$$

综上所述,当 $0 < p < 1$ 时,该积分收敛;当 $p \geq 1$ 时,该积分发散.

例5 讨论 $I = \int_{-1}^1 \frac{1}{x^2} \mathrm{d}x$ 的敛散性.

解 因为 $x = 0$ 为被积函数的奇点,故

$$I = \int_{-1}^1 \frac{1}{x^2} \mathrm{d}x = \int_{-1}^0 \frac{1}{x^2} \mathrm{d}x + \int_0^1 \frac{1}{x^2} \mathrm{d}x = \lim_{\varepsilon_1 \to 0^-} \int_{-1}^{\varepsilon_1} \frac{1}{x^2} \mathrm{d}x + \lim_{\varepsilon_2 \to 0^+} \int_{\varepsilon_2}^1 \frac{1}{x^2} \mathrm{d}x$$

$$= \lim_{\varepsilon_1 \to 0^-} \left(-\frac{1}{x} \right) \Big|_{-1}^{\varepsilon_1} + \lim_{\varepsilon_2 \to 0^+} \left(-\frac{1}{x} \right) \Big|_{\varepsilon_2}^1 = \lim_{\varepsilon_1 \to 0^-} \left(-\frac{1}{\varepsilon_1} - 1 \right) + \lim_{\varepsilon_2 \to 0^+} \left(-1 + \frac{1}{\varepsilon_2} \right) = +\infty$$

该积分发散.

对于一个既是无限区间,又有奇点的广义积分,可以将积分区间分为若干段,使每段上的积分属于定义 1 或定义 2 中的类型.

*习题 5-5

求下列广义积分.

(1) $\int_1^{+\infty} \frac{1}{x^3} \mathrm{d}x$;　　　　　(2) $\int_{-\infty}^0 \mathrm{e}^x \mathrm{d}x$;　　　　　(3) $\int_0^{+\infty} \mathrm{e}^{-x} \mathrm{d}x$;

(4) $\int_e^{+\infty} \frac{1}{x \ln^2 x} \mathrm{d}x$;　　(5) $\int_{\frac{2}{\pi}}^{+\infty} \frac{1}{x^2} \sin \frac{1}{x} \mathrm{d}x$;　　(6) $\int_0^2 \frac{1}{(x-1)^2} \mathrm{d}x$;

(7) $\int_1^{+\infty} \frac{1}{(1+x^2)x} \mathrm{d}x$;　　(8) $\int_{-\infty}^{+\infty} \frac{x}{\sqrt{1+x^2}} \mathrm{d}x$;　　(9) $\int_0^1 \ln x \mathrm{d}x$;

(10) $\int_1^{+\infty} \frac{1}{x^2} \mathrm{d}x$;　　(11) $\int_1^{+\infty} \frac{1}{2\sqrt{x}} \mathrm{d}x$;　　(12) $\int_0^{+\infty} x \mathrm{e}^{-x^2} \mathrm{d}x$.

第六节　定积分的应用

前面介绍了定积分的基本概念及其基本的计算方法,本节讨论定积分在几何、物理方面的一些应用,并介绍用微元法将具体问题表示成定积分的分析方法.

一、利用定积分求平面图形的面积

在利用定积分研究解决实际问题时,常采用所谓微元法.为了说明这种方法,先回顾一下

用定积分求解曲边梯形面积问题的方法和步骤：

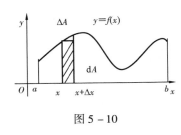

图 5 – 10

设 $f(x)$ 在区间 $[a,b]$ 上连续，且 $f(x)>0$，求以曲线 $y=f(x)$ 为曲边的 $[a,b]$ 上的曲边梯形的面积 A. 把这个面积 A 表示为定积分 $A=\int_a^b f(x)\mathrm{d}x$，求面积 A 的思路是"分割、近似代替、求和、取极限"即：

（1）如图 5 – 10 所示将区间 $[a,b]$ 划分为 n 个子区间 $[x_{i-1},x_i]$（$1\le i\le n$）；面积 A 相应的分为 n 份，即 $A=\sum_{i=1}^n A_i$；

（2）求出每个小区间上 A_i 的近似值 $f(\xi_i)\Delta x_i,\xi_i\in[x_{i-1},x_i]$；

（3）求出总体的近似值 $\sum_{i=1}^n f(\xi_i)\Delta x_i$；

（4）通过极限把近似值过渡到真实值

$$A=\lim_{\lambda\to 0}\sum_{i=1}^n f(\xi_i)\Delta x_i=\int_a^b f(x)\mathrm{d}x\quad(\lambda=\max\{\Delta x_1,\Delta x_2,\cdots,\Delta x_n\})$$

在上述问题中所求量（即面积 A）与区间 $[a,b]$ 有关，如果把区间 $[a,b]$ 分成许多部分区间，则所求量相应地分成许多部分量 A_i，而所求量等于所有部分量之和（$A=\sum_{i=1}^n A_i$）．这一性质称为所求量对于区间 $[a,b]$ 具有可加性．

在求曲边梯形的面积时，最关键是上述（2）、（4）两步，有了（2）中的 $A_i\approx f(\xi_i)\Delta x_i$，积分的主要形式就已经形成．为了以后使用方便，可把上述四步概括为下面两步（设所求量为 U，区间为 $[a,b]$）．

第一步，在区间 $[a,b]$ 上任取一小区间 $[x,x+\mathrm{d}x]$，并求出相应于这个小区间的部分量 ΔU 的近似值，如果 ΔU 能近似地表示为 $f(x)$ 在 $[x,x+\mathrm{d}x]$ 左端点 x 处的值与 $\mathrm{d}x$ 的乘积 $f(x)\mathrm{d}x$，就把 $f(x)\mathrm{d}x$ 称为所求量 U 的微元，记作 $\mathrm{d}U$，即

$$\mathrm{d}U=f(x)\mathrm{d}x$$

第二步，以所求量 U 的微元 $\mathrm{d}U=f(x)\mathrm{d}x$ 为被积表达式，在 $[a,b]$ 上作定积分，得

$$U=\int_a^b f(x)\mathrm{d}x$$

这就是所求量 U 的积分表达式．

这个方法称为**"微元法"**，下面将应用此方法来讨论几何、物理中的一些问题．

1. X—型区域平面图形的面积

对于 X—型区域平面图形，通过纵向分割，把图形在 x 轴上的投影区间 $[a,b]$ 进行分割，如图 5 – 11 所示，设平面图形 D 由曲线 $y=f_1(x),y=f_2(x),x=a,x=b$ 围成，则面积元素为

$$\mathrm{d}A(x)=[f_2(x)-f_1(x)]\mathrm{d}x \qquad (5-6)$$

面积为 $$A=\int_a^b[f_2(x)-f_1(x)]\mathrm{d}x \qquad (5-7)$$

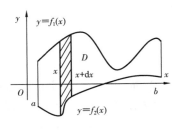

图 5 – 11

推论　由式(5－7)可知,图5－12(a)、图5－12(b)所示平面图形的面积分别为

$$A = \int_a^b f(x) \,\mathrm{d}x$$

及

$$A = \int_c^d [-g(x)] \,\mathrm{d}x$$

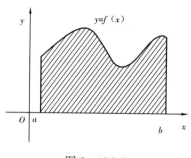

图5－12(a)

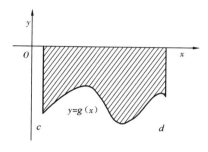

图5－12(b)

例1　求区间$[0,1]$上由$y = x^2, y = x$所围成图形的面积A(图5－13).

解　面积元素$\mathrm{d}A(x) = (x - x^2)\,\mathrm{d}x$,则面积为

$$A = \int_0^1 (x - x^2)\,\mathrm{d}x = \left(\frac{1}{2}x^2 - \frac{1}{3}x^3\right)\bigg|_0^1 = \frac{1}{6}$$

例2　求由抛物线$y = x^2, y = 2 - x^2$所围成的图形的面积A(图5－14).

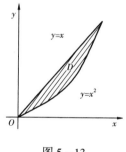

图5－13

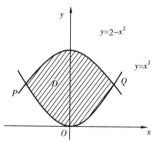

图5－14

解　联立方程,解得交点$P(-1,1), Q(1,1)$,则面积为

$$A = \int_{-1}^1 (2 - x^2 - x^2)\,\mathrm{d}x = \left(2x - \frac{2}{3}x^3\right)\bigg|_{-1}^1 = \frac{8}{3}$$

例3　求区间$[0,2\pi]$上以正弦曲线$y = \sin x$与x轴围成的图形的面积.

解　如图5－15所示,在$[0,\pi]$上,$\sin x \geqslant 0$,在$[\pi,2\pi]$上,$\sin x \leqslant 0$,故

$$A = \int_0^\pi \sin x\,\mathrm{d}x - \int_\pi^{2\pi} \sin x\,\mathrm{d}x = 2 + 2 = 4$$

2. Y—型区域平面图形的面积

对于Y—型平面区域,通过横向分割,把图形在y轴上的投影区间$[c,d]$进行分割,如图5－16所示,设平面图形D由曲线$x = \varphi(y), x = \psi(y), y = c, y = d$围成,则面积元素

$$dA(y) = [\psi(y) - \varphi(y)]dy$$

面积
$$A = \int_c^d [\psi(y) - \varphi(y)]dy$$

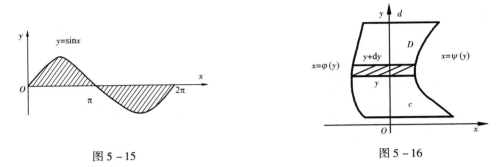

图 5 - 15   图 5 - 16

例 4   求由曲线 $y^2 = 2x$ 与直线 $y = x - 4$ 所围成的图形的面积 A.

解法一   如图 5 - 17 所示,求出两条曲线的交点 $P(2, -2)$ 和 $Q(8, 4)$,所求面积

$$A = \int_{-2}^4 \left(y + 4 - \frac{1}{2}y^2\right)dy = \left(\frac{y^2}{2} + 4y - \frac{y^3}{6}\right)\Big|_{-2}^4 = 18$$

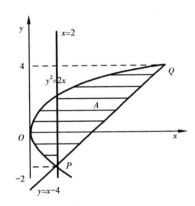

图 5 - 17

解法二   用直线 $x = 2$ 将图形分成两部分,左侧图形的面积为

$$A_1 = \int_0^2 [\sqrt{2x} - (-\sqrt{2x})]dx = 2\sqrt{2} \cdot \frac{2}{3}x^{\frac{3}{2}}\Big|_0^2 = \frac{16}{3}$$

右侧图形的面积为

$$A_2 = \int_2^8 [\sqrt{2x} - (x - 4)]dx = \left(\frac{2\sqrt{2}}{3}x^{\frac{3}{2}} - \frac{1}{2}x^2 + 4x\right)\Big|_2^8 = \frac{38}{3}$$

所求图形的面积为

$$A = A_1 + A_2 = \frac{16}{3} + \frac{38}{3} = 18$$

由例 4 可知,对同一问题,有时可选取不同的积分变量进行计算,计算的难易程度往往不同,因此在实际计算时,应选取合适的积分变量,使计算简化.

例 5   求由抛物线 $y^2 = -4(x - 1)$ 与抛物线 $y^2 = -2(x - 2)$ 所围成的图形的面积 A.

解   联立方程,解得交点 $P(0, -2)$,$Q(0, 2)$,面积为

$$A = \int_{-2}^2 \left[\frac{1}{2}(4 - y^2) - \frac{1}{4}(4 - y^2)\right]dy$$

$$= \frac{1}{4}\int_{-2}^2 (4 - y^2)dy = \frac{8}{3}.$$

二、利用定积分求旋转体的体积

通常把一个平面图形 D 绕该平面上一直线旋转而成的立体叫旋转体. 下面分两种情况来考虑.

1. 平面图形 D 绕 x 轴旋转所成的旋转体

如图 $5-18$，设旋转体由区间 $[a,b]$ 上的连续曲线 $y=f(x)$ $[f(x) \geqslant 0]$ 为曲边的曲边梯形 D 绕 x 轴旋转所成的旋转体，求其体积 V。

选 x 为积分变量，在区间 $[a,b]$ 上考虑体积 V。微区间 $[x, x+\mathrm{d}x]$ 上对应的体积 ΔV 可以用半径为 $f(x)$，高为 $\mathrm{d}x$ 的圆柱体的体积 $\pi f^2(x)\mathrm{d}x$ 来近似代替，即 $\mathrm{d}V = \pi f^2(x)\mathrm{d}x$，从而所求体积为

$$V = \int_a^b \pi f^2(x)\,\mathrm{d}x \tag{5-8}$$

例 6 求高为 H，底半径为 R 的圆锥体体积。

解 此圆锥体可看作是 $[0,H]$ 上以直线 $y = \dfrac{R}{H}x$ 为曲边的曲边梯形绕 x 轴而成的旋转体，于是可得

$$V = \int_0^H \pi \left(\frac{R}{H}x\right)^2 \mathrm{d}x = \frac{1}{3}\pi R^2 H$$

例 7 求圆 $x^2 + (y-b)^2 = a^2 (0 < a \leqslant b)$ 绕 x 轴旋转所成的旋转体的体积。

解 旋转体剖面如图 $5-19$ 所示，此圆 $x^2 + (y-b)^2 = a^2(0 < a \leqslant b)$ 绕 x 轴而成的旋转体的体积可看作是上半圆 $y = b + \sqrt{a^2 - x^2}$ 和下半圆 $y = b - \sqrt{a^2 - x^2}$ 分别与 $x = -a, x = a$ 及 x 轴所围成的平面图形绕 x 轴而成的旋转体的体积之差，因此所求体积为

$$V = \int_{-a}^a \pi \left(b + \sqrt{a^2 - x^2}\right)^2 \mathrm{d}x - \int_{-a}^a \pi \left(b - \sqrt{a^2 - x^2}\right)^2 \mathrm{d}x = 2\pi^2 a^2 b$$

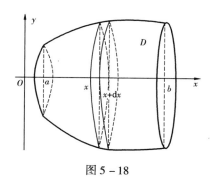

图 $5-18$

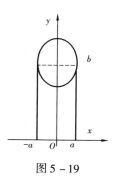

图 $5-19$

例 8 计算由抛物线 $y = \sqrt{2px}$，x 轴以及 $x = a$ 所围成的曲边梯形绕 x 轴旋转而成的旋转体的体积。

解 取 x 为积分变量，它的变化区间为 $[0,a]$，这个旋转体在 $[0,a]$ 上的任一点 x 处垂直于 x 轴的截面圆的半径为 $\sqrt{2px}$，利用公式 $(5-8)$，得所求旋转体的体积为

$$V = \int_0^a \pi \left(\sqrt{2px}\right)^2 \mathrm{d}x = \int_0^a 2\pi px\,\mathrm{d}x = \pi px^2 \Big|_0^a = \pi pa^2$$

2. 平面图形 D 绕 y 轴旋转所成的旋转体

用类似的方法可以推出：由曲线 $x = \varphi(y)$、直线 $y = c, y = d(c < d)$ 与 y 轴所围成的曲边梯形绕 y 轴而成的旋转体的体积为

$$V = \int_c^d \pi \varphi^2(y) \mathrm{d}y \qquad\qquad (5-9)$$

例 9　求椭圆 $\dfrac{x^2}{a^2} + \dfrac{y^2}{b^2} = 1$ 绕 y 轴旋转而成的椭球体的体积.

解　根据旋转体的体积公式,椭圆绕 y 轴旋转而成的椭球体的体积为

$$V = \int_{-b}^b \pi x^2 \mathrm{d}y = \pi \int_{-b}^b \frac{a^2}{b^2}(b^2 - y^2) \mathrm{d}y$$

$$= \frac{2 \pi a^2}{b^2} \left(b^2 y - \frac{1}{3} y^3 \right) \Big|_0^b = \frac{4 \pi a^2 b}{3}$$

例 10　求曲线 $y = x^2$ 与 $x = y^2$ 所围成的平面图形分别绕 x 轴和 y 轴旋转而成的旋转体的体积.

解　取 x 为积分变量,解方程组

$$\begin{cases} y = x^2 \\ x = y^2 \end{cases}$$

得交点 $(0,0)$,$(1,1)$,于是得到 x 的变化区间为 $[0,1]$. 在 $[0,1]$ 上任取一点 x,该旋转体在点 x 处垂直于 x 轴的截面面积为 $\pi(x - x^4)$,利用公式$(5-9)$,得所求体积

$$V = \int_0^1 \pi(x - x^4) \mathrm{d}x = \pi \left[\frac{x^2}{2} - \frac{x^5}{5} \right]_0^1 = \frac{3 \pi}{10}$$

同理可得,该图形绕 y 轴旋转所得体积 $V = \dfrac{3 \pi}{10}$.

*三、功、液体压力问题举例

1. 功

若常力 F 的方向与物体运动方向一致,那么当物体有位移 s 时,常力 F 对物体所做的功为

$$W = F \cdot s$$

如果物体在直线运动过程中受变力 F 的作用,那么变力 F 所做的功又该如何计算呢?下面通过具体的例子说明如何用定积分计算变力所做的功.

例 11　设有一弹簧,假定被压缩 $0.005\mathrm{m}$ 时需用力 $1\mathrm{N}$,现弹簧在外力的作用下被压缩 $3\mathrm{cm}$,求外力所做的功.

解　根据虎克定律,在一定的弹性范围内,将弹簧拉伸(或压缩)所需的力 F 与伸长量(压缩量)x 成正比,即

$$F = kx \quad (k > 0, k \text{ 为弹性系数})$$

当 $x = 0.005$ 时,$F = 1\mathrm{N}$,代入上式得 $k = 200/\mathrm{N}$,即有

$$F = 200x$$

所以取 x 为积分变量,x 的变化区间为 $[0, 0.03]$,功微元为

$$\mathrm{d}W = F(x) \mathrm{d}x = 200x \mathrm{d}x$$

于是弹簧被压缩了 0.03m 时,外力所做的功为

$$W = \int_0^{0.03} 200x \mathrm{d}x = (100x^2) \Big|_0^{0.03} = 0.09(\mathrm{J})$$

2. 静止液体的侧压力

由曲线 $y = f_1(x)$, $y = f_2(x)[f_1(x) \leqslant f_2(x)]$ 及直线 $x = a$, $x = b(a < b)$ 所围成的平面板垂直没入密度为 ρ 的液体中,取 x 轴垂直向下,液面与 y 轴重合. 则平面板一侧所受压力为

$$F = \rho g \int_a^b x[f_2(x) - f_1(x)] \mathrm{d}x$$

例 12 一梯形闸门直立在水中,两底边的长度分别为 $2a$、$2b(a < b)$,高为 h,水面与门顶齐平,试求闸门一侧所受的水压力 F.

解 取坐标系如图 5－20 所示,则 AB 的方程为

$$y = \frac{a - b}{h}x + b$$

取水深 x 为积分变量,x 的变化区间为 $[0, h]$,在 $[0, h]$ 上任取一子区间 $[x, x + \mathrm{d}x]$,与这个小区间相对应的小梯形上各点处的压强 $P = \rho g x$(ρ 为水的密度,g 为重力加速度),小梯形上所受的水压力

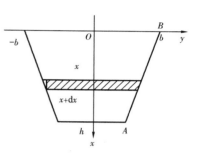

图 5－20

$$\mathrm{d}F = \rho g x \cdot 2y \mathrm{d}x = 2\rho g x \left(\frac{a - b}{h}x + b\right) \mathrm{d}x$$

水闸上所受的总压力为

$$F = \int_0^h 2\rho g x \left(\frac{a - b}{h}x + b\right) \mathrm{d}x = 2\rho g \int_0^h \left(\frac{a - b}{h}x^2 + bx\right) \mathrm{d}x$$

$$= 2\rho g \left(\frac{a - b}{h}\frac{x^3}{3} + b\frac{x^2}{2}\right) \Big|_0^h = 2\rho g \left(\frac{a - b}{3} + \frac{b}{2}\right)h^2 = \frac{1}{3}(2a + b)\rho g h^2$$

习题 **5－6**

1. 求下列各曲线围成图形的面积.

（1）$y = x^2$ 与 $y = 2x$；

（2）$y = x^2$ 与 $y = 2x + 3$；

（3）$y = x$, $y = \dfrac{1}{x}$ 与 $x = 2$；

（4）$y = \mathrm{e}^x$, $y = \mathrm{e}^{-x}$ 与 $y = \mathrm{e}^2$；

（5）$[0, \dfrac{\pi}{2}]$ 上,$y = \sin x$, $x = \dfrac{\pi}{2}$ 和 $y = 0$；

（6）$y = 2x$ 与 $y = 3 - x^2$.

2. 求旋转体的体积.

(1)将曲线 $x = 5 - y^2$ 与直线 $x = 1$ 所围成的图形绕 y 轴旋转,求所得旋转体的体积.

(2)将抛物线 $y = x^2 - 4x + 5$ 与直线 $y = 2x$ 所围成的图形绕 x 轴旋转,求所得旋转体的体积.

(3)将曲线 $y = x^3$ 与 $y = 0$,$x = 2$ 所围成的图形分别绕 x 轴、y 轴旋转所得旋转体的体积.

(4)将曲线 $y = \sqrt{x}$ 与直线 $x = 1$,$x = 4$,$y = 0$ 所围成的图形分别绕 x 轴、y 轴旋转,求旋转体的体积.

*3. 设某水库的放水闸门为一梯形,如图 5 – 21 所示(图中所示闸门尺寸以米为单位),求水库水齐闸门顶时闸门所受的水压力.

*4. 半径为 1 m 的半球形水池(图 5 – 22),池中充满了水,把池内的水全部抽出需做多少功?

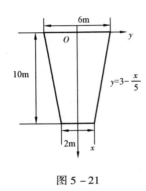

图 5 – 21

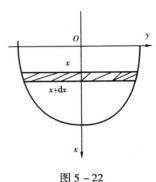

图 5 – 22

复 习 题 五

1. 选择题.

(1)设 $F(x) = \int_x^1 t^2 \mathrm{e}^{-t} \mathrm{d}t$,$F'(x) = ($).

A. $x^2 \mathrm{e}^{-x}$ B. $-x^2 \mathrm{e}^{-x}$ C. $x^2 \mathrm{e}^x$ D. $x^{-2} \mathrm{e}^x$

(2)定积分 $\int_{-\pi}^{\pi} \dfrac{\sin^3 x \cos^2 x}{\sqrt{1 + x^2}} \mathrm{d}x = ($).

A. 0   B. 1   C. –1   D. 2

(3)若 $\int_0^x f(t) \mathrm{d}t = \dfrac{x^2}{2}$,则 $\int_0^4 \dfrac{1}{\sqrt{x}} f(\sqrt{x}) \mathrm{d}x = ($).

A. 16   B. 8   C. 4   D. 2

(4)$\int_0^1 \mathrm{e}^x \mathrm{d}x$ 与 $\int_0^1 \mathrm{e}^{x^2} \mathrm{d}x$ 相比,有关系式( ).

A. $\int_0^1 \mathrm{e}^x \mathrm{d}x < \int_0^1 \mathrm{e}^{x^2} \mathrm{d}x$ B. $\int_0^1 \mathrm{e}^x \mathrm{d}x > \int_0^1 \mathrm{e}^{x^2} \mathrm{d}x$

C. $\int_0^1 \mathrm{e}^x \mathrm{d}x = \int_0^1 \mathrm{e}^{x^2} \mathrm{d}x$ D. 以上都不对

（5）$f(x)$ 为可导函数，且 $f(0)=0$，$f'(0)=2$，则 $\lim\limits_{x\to 0}\dfrac{\int_0^x f(t)\,\mathrm{d}t}{x^2}=$（　　）.

　A. 0　　　　　　　　B. 1　　　　　　　　C. 2　　　　　　　　D. 不存在

（6）下列各广义积分收敛的是（　　）.

　A. $\displaystyle\int_1^{+\infty} x\,\mathrm{d}x$　　　　B. $\displaystyle\int_1^{+\infty} x^2\,\mathrm{d}x$　　　　C. $\displaystyle\int_1^{+\infty}\frac{1}{x}\,\mathrm{d}x$　　　　D. $\displaystyle\int_1^{+\infty}\frac{1}{x^2}\,\mathrm{d}x$

（7）$\lim\limits_{x\to 0}\dfrac{\int_x^0 \cos^2 t\,\mathrm{d}t}{x}=$（　　）.

　A. 1　　　　　　　　B. 0　　　　　　　　C. -1　　　　　　　D. ∞

（8）设 $f(x)$ 在 $[a,b]$ 上非负，在 (a,b) 内 $f''(x)>0$，$f'(x)<0$. $I_1=\dfrac{b-a}{2}[f(b)+f(a)]$，$I_2=\displaystyle\int_a^b f(x)\,\mathrm{d}x$，$I_3=(b-a)f(b)$，则 I_1,I_2,I_3 的大小关系为（　　）.

　A. $I_1\leq I_2\leq I_3$　　B. $I_2\leq I_3\leq I_1$　　C. $I_1\leq I_3\leq I_2$　　D. $I_3\leq I_2\leq I_1$

（9）函数 $f(x)=\displaystyle\int_0^x \frac{1}{x}(t^2-t)\,\mathrm{d}t\,(x>0)$ 的最小值为（　　）.

　A. $-\dfrac{3}{16}$　　　　　B. -1　　　　　　　C. 0　　　　　　　　D. $-\dfrac{1}{2}$

（10）定积分 $\displaystyle\int_0^{\frac{3}{4}\pi}|\sin 2x|\,\mathrm{d}x$ 的值为（　　）.

　A. $\dfrac{3}{2}$　　　　　　B. $-\dfrac{3}{2}$　　　　　C. $\dfrac{1}{2}$　　　　　D. $-\dfrac{1}{2}$

（11）曲线 $y=\dfrac{x^2}{2}$ 与 $x^2+y^2=8$ 所围图形面积（上半平面部分）A 为（　　）.

　A. $\displaystyle\int_{-2}^{2}\left(\frac{x^2}{2}-\sqrt{8-x^2}\right)\mathrm{d}x$　　　　　　B. $\displaystyle\int_{-2}^{2}\left(\sqrt{8-x^2}-\frac{x^2}{2}\right)\mathrm{d}x$

　C. $\displaystyle\int_{-1}^{1}\left(\frac{x^2}{2}-\sqrt{8-x^2}\right)\mathrm{d}x$　　　　　　D. $\displaystyle\int_{-1}^{1}\left(\sqrt{8-x^2}-\frac{x^2}{2}\right)\mathrm{d}x$

（12）设 $f(x)$ 连续，则 $\dfrac{\mathrm{d}}{\mathrm{d}x}\displaystyle\int_a^b f(x+y)\,\mathrm{d}y$ 等于（　　）.

　A. $\displaystyle\int_a^b f'(x+y)\,\mathrm{d}y$　　B. $f(x+b)-f(x+a)$　　C. $f(x+b)$　　　D. $f(x+a)$

2. 填空题.

（1）设 $F(x)=\displaystyle\int_x^2 t\cos^2 t\,\mathrm{d}t$，则 $F'\left(\dfrac{\pi}{4}\right)=$ _____ .

（2）设 $f(x)$ 是连续函数，$F(x)=\displaystyle\int_{x^2}^{e^x} f(t)\,\mathrm{d}t$，则 $F'(0)=$ _____ .

（3）设 $f(x)=x-x^2\displaystyle\int_0^1 f(x)\,\mathrm{d}x$，则 $f(x)$ _____ .

（4）曲线 $y=\cos x$ 在 $[0,2\pi]$ 上与 x 轴所围成的图形的面积为 _____ .

（5）设 $f(x)$ 在 $[-a,a]$ 上连续，$a\neq 0$. 则 $\displaystyle\int_{-a}^{a} x[f(x)+f(-x)]\,\mathrm{d}x=$ _____ .

（6）$\displaystyle\int_0^{\ln 2}\sqrt{e^x-1}\,\mathrm{d}x=$ _____ .

(7) 已知 $\displaystyle\int_0^1 f(x)\,\mathrm{d}x = 1, f(1) = 0$，则 $\displaystyle\int_0^1 xf'(x)\,\mathrm{d}x =$ _____.

(8) 设 $f(x)$ 是连续函数，且 $\displaystyle\int_0^{x^3-1} f(t)\,\mathrm{d}t = x$，则 $f(7) =$ _____.

(9) 设 $f(x) = \begin{cases} x+1, & x < 0 \\ 0, & x = 0, \\ x^2, & x > 0 \end{cases}$ 则 $\displaystyle\int_{-2}^0 f(x+1)\,\mathrm{d}x =$ _____.

(10) 设 $f'(x)$ 在 $[1,3]$ 上连续，则 $\displaystyle\int_1^3 \frac{f'(x)}{1 + [f(x)]^2}\,\mathrm{d}x =$ _____.

(11) $\displaystyle\int_{-2}^2 (|x| + x)\mathrm{e}^{|x|}\,\mathrm{d}x =$ _____.

(12) $\displaystyle\int_{-\frac{\pi}{4}}^{\frac{\pi}{4}} \sqrt{\sec^2 x - 1}\,\mathrm{d}x =$ _____.

3. 计算下列定积分.

(1) $\displaystyle\int_0^{\sqrt{3}} \frac{1 + 2x^2}{x^2(1 + x^2)}\,\mathrm{d}x$;　　　　(2) $\displaystyle\int_{\frac{1}{e}}^{e} \frac{|\ln x|}{x}\,\mathrm{d}x$;　　　　(3) $\displaystyle\int_{\frac{1}{\pi}}^{\frac{2}{\pi}} \frac{\sin\frac{1}{x}}{x^2}\,\mathrm{d}x$;

(4) $\displaystyle\int_4^9 \frac{\sqrt{x}}{\sqrt{x} - 1}\,\mathrm{d}x$;　　　　(5) $\displaystyle\int_{-1}^1 \frac{1}{(1 + x^2)^2}\,\mathrm{d}x$;　　(6) $\displaystyle\int_0^1 x\mathrm{e}^x\,\mathrm{d}x$.

*4. 计算下列定积分.

(1) $\displaystyle\int_0^{\frac{\pi}{2}} \frac{\sin x\cos x}{1 + \sin^4 x}\,\mathrm{d}x$;　　　(2) $\displaystyle\int_0^{\frac{\pi}{4}} \tan x\ln(\cos x)\,\mathrm{d}x$;　(3) $\displaystyle\int_0^1 \sqrt{(1 - x^2)^3}\,\mathrm{d}x$;

(4) $\displaystyle\int_0^{\frac{\pi}{4}} x\tan x\sec^2 x\,\mathrm{d}x$;　　(5) $\displaystyle\int_{-2}^2 \max(1, x^2)\,\mathrm{d}x$;　(6) $\displaystyle\int_1^3 \frac{\arctan\sqrt{x}}{\sqrt{x}(1 + x)}\,\mathrm{d}x$;

*5. 已知 $x\mathrm{e}^x$ 为 $f(x)$ 的一个原函数，求 $\displaystyle\int_0^1 xf'(x)\,\mathrm{d}x$.

*6. 设 $f(x) = \ln x - \displaystyle\int_1^e f(x)\,\mathrm{d}x$，证明：$\displaystyle\int_1^e f(x)\,\mathrm{d}x = \frac{1}{e}$.

*7. 设 $x = \displaystyle\int_1^t u\ln u\,\mathrm{d}u, y = \displaystyle\int_{t^2}^1 u^2\ln u\,\mathrm{d}u$，求 $\dfrac{\mathrm{d}y}{\mathrm{d}x}$.

*8. 求曲线 $y = \displaystyle\int_{\frac{\pi}{2}}^x \frac{\sin t}{t}\,\mathrm{d}t$ 在 $x = \dfrac{\pi}{2}$ 处的切线方程.

*9. 计算下列定积分.

(1) $\displaystyle\int_0^{\frac{\pi}{2}} \frac{\sin x}{\sin x + \cos x}\,\mathrm{d}x$　（令 $x = \dfrac{\pi}{2} - t$）；　(2) $\displaystyle\int_0^{\pi} \frac{x\sin x}{1 + \cos^2 x}\,\mathrm{d}x$　（令 $x = \pi - t$）.

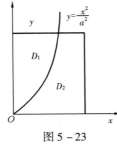

图 5 - 23

*10. 如图 5 - 23 所示，曲线 $y = \dfrac{x^2}{a^2}(0 < a < 1)$ 将边长为 1 的正方形分为 D_1 和 D_2 两部分. 分别求出 D_1 绕 y 轴旋转一周与 D_2 绕 x 轴旋转一周所得旋转体的体积 V_1 和 V_2，并讨论当 a 为何值时 $V_1 + V_2$ 取得最小值.

自 测 题 五

一、判断题(每题 6 分,共 10 题,总分 60 分).

1. $\int_0^{\frac{\pi}{2}} \cos x \mathrm{d}x = 0$.

2. $\int_0^{\frac{\pi}{2}} \sin x \mathrm{d}x = 1$.

3. $\int_0^1 \mathrm{e}^x \mathrm{d}x = 1$.

4. 若 $\int_a^b f(x)\mathrm{d}x = 0$, 则在 $[a, b]$ 上恒有 $f(x) = 0$.

5. $\left(\int_0^{\sin x} 2t \mathrm{d}t \right) = \sin 2x$.

6. 若 $\Phi(x) = \int_0^x t^2 \sin t \mathrm{d}t$, 则 $\Phi'(x) = x^2 \sin x$.

7. $\int_{-1}^1 \frac{x + x^3 + \sin x}{(1 + x^2)^2} \mathrm{d}x = 0$.

8. 定积分 $\int_{-1}^1 (x^2 + x^4 \sin^3 x)\mathrm{d}x$ 的值是 0.

9. 计算定积分 $\int_1^2 \mathrm{e}^{\sqrt{x-1}}\mathrm{d}x$ 时,可作代换 $x = t^2 - 1$.

10. 曲线 $y = x^2$ 与直线 $y = 0, x = 1$ 所围成的封闭图形的面积是 $\frac{2}{3}$.

二、计算题(每题 10 分,共 4 题,总分 40 分).

1. 用直接积分法计算 $\int_1^2 \frac{x^3 - x\cos x + 1}{x}\mathrm{d}x$.

2. 用换元法和分部积分法计算.

(1) $\int_0^1 x\mathrm{e}^x \mathrm{d}x$;(2) $\int_0^{\frac{\pi}{2}} x\cos x \mathrm{d}x$.

3. 求曲线 $y = x^2$ 与 $y = 2x + 3$ 所围平面图形的面积 A.

第六章 数学软件包 Mathematica 应用

第一节 数学软件包 Mathematica 介绍

Mathematica 系统是由美国 Wolfram Research 公司开发的一套专门用于进行数学计算的软件. 该系统用 C 语言编写, 博采众长, 具有简单易学的交互式操作方式、强大的数值计算功能、人工智能列表处理功能以及像 C 语言和 Pascal 语言那样的结果化程序设计功能. 本教材主要介绍 Windows 环境下的 5.0 版本在高等数学中的简单应用, 更详细的内容请参阅 Mathematica 使用手册.

一、系统的启动及常用菜单

1. 系统的启动

如果已经安装好 Mathematica5.0, 则可以单击快捷方式图标启动系统, 如图 6 - 1 所示.

图 6 - 1

执行后, 显示窗口如图 6 - 2 所示.

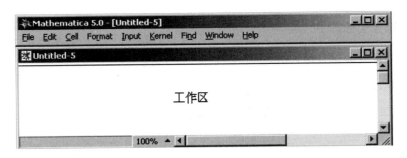

图 6 - 2

此时, 就可以通过键盘在工作区中输入计算命令了.

2. 系统的常用菜单

Mathematica 的菜单项包括 File、Edit、Cell、Format、Input、Kernel、Find、Window、Help 项. 下面介绍 File(文件)菜单项.

文件下拉菜单中的 New、Open、Close、Save 命令用于新建、打开、关闭及保存用户的文件, 这些选项与 Word 相同, 另外有几个选项是 Mathematica 特有的, 其中最常用的是:

(1)Palettes——用于打开各种模板;

(2)GeneratePaletteformSelection——用于生成用户自制的模板;

(3)Notebooks——记录最近使用过的文件.

在操作过程中经常用到 File 菜单中的控制面板(Palettes)，其中共有九个选项(图 6 – 3).

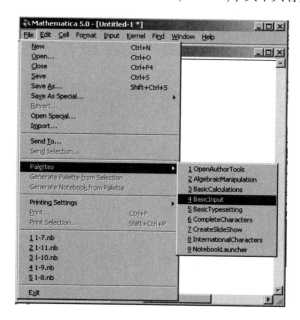

图 6 – 3

最常用的是第三项 BasicCalculations(基本计算模板)和第四项 BasicInput(基本输入模板).
基本计算模板分类给出了各种基本计算的按钮. 单击各项前面的小三角，会显示出该项所包含
的子菜单项. 再次单击各子项前面的小三角，则显示出子项中的各种按钮. 若单击其中的某个
按钮，就可以将该运算命令(函数)输入到工作区窗口中，然后在各个小方块中键入数学表达
式，即可进行计算.

二、Mathematica 中的数据、表达式及变量

1. 数据类型及其转换

(1)数据类型.

Mathematica 中数值类型有整数、有理数、实数、复数四种. 只要计算机的内存足够大，
Mathematica 可以表示任意长度的精确实数，而不受所用的计算机字长的影响.

整数与整数的计算结果仍是精确的整数或是有理数.

例如，3 的 100 次方是一个 48 位的整数. 具体输入时，可按照一般数学表达的手写格式
输入，然后按下 Shift + Enter 组合键得到输出结果：

$\ln[1]: = 3^{100}$

$\text{Out}[1] = 515377520732011331036461129765621272702107522001$

需要说明的是：次序标识"$\ln[1]: =$"和"$\text{Out}[1] =$"均由系统自动给出，计算时不必输入.

Mathematica 中的分数表示是化简过的分数. 当两个整数相除而又不能整除时，系统就用
有理数来表示，即有理数是由两个整数的比来组成.

例如：$\ln[2]: = 1356874/3457148$

$$\text{Out}[2] = \frac{678437}{1728574}$$

实数是用浮点数表示的，Mathematica 实数的有效位可取任意位数，是一种具有任意精确度的近似实数，当然在计算的时候也可以控制实数的精度，系统**默认精度为六位有效数字**。实数也可以与整数、有理数进行混合运算，结果还是一个实数。

例1 计算 $5 + \dfrac{2}{7} - 1.6$ 的值。

解 In[3]：= $5 + \dfrac{2}{7} - 1.6$

Out[3] = 3.68571

复数是由实部和虚部组成，实部和虚部可以用整数、实数、有理数表示。在 Mathematica 中，用 i 表示虚数单位。

（2）不同类型数据间的转换。

在 Mathematica 的不同应用中，通常对数字的类型要求是不同的。例如在公式推导中的数字常用整数或有理数表示，而在数值计算中的数字常用实数表示。在一般情况下的输出行 Out[n] 中，系统根据输入行 In[n] 的数字类型对计算结果做出相应的处理。如果有一些特殊的要求，就要进行数据类型转换。

在 Mathematica 中提供以下几个函数达到转换的目的：

N[x]——将 x 转换成实数；

N[x, n]——将 x 转换成近似实数，精度为 n；

Rationalize[x]——给出 x 的有理数近似值；

Rationalize[x, dx]——给出 x 的有理数近似值，误差小于 dx.

例2 （1）将 $\dfrac{13}{11}$ 转换成实数，结果分别保留 20 位和 10 位有效数字；

（2）给出 1.181818182 的有理数近似值，误差小于 0.00001；

（3）给出 1.181818182 的有理数近似值，误差小于 0.1.

解 （1）In[4]：= N$\left[\dfrac{13}{11}, 20\right]$

Out[4] = 1.1818181818181818182

In[5]：= N$\left[\dfrac{13}{11}, 10\right]$

Out[5] = 1.181818182

In[6]：= Rationalize[%]——"%"表示上一行刚刚输出的结果

Out[6] = $\dfrac{13}{11}$

（2）In[7]：= Rationalize[1.181818182, 0.00001]

Out[7] = $\dfrac{13}{11}$

（3）In[8]：= Rationalize[1.181818182, 0.1]

Out[8] = $\dfrac{6}{5}$

（3）数学常数。

Mathematica 中定义了一些常见的数学常数，这些数学常数都是精确数。

符　号	含　义
Pi	$\pi = 3.14159\cdots$
E	$e = 2.71828\cdots$
Degree	$\pi/180$
i	虚数单位 $\sqrt{-1}$
Infinity	正无穷大
– Infinity	负无穷大

数学常数可用在公式推导和数值计算中,在数值计算中表示精确值.

例如　　In[9]: = Pi^3

　　　　Out[9] = π^3

　　　　In[10]: = Pi^3//N——"//N"表示以实数形式输出,N 必须大写

　　　　Out[10] = 31.0063

2. 表达式

(1)表达式的输入.

Mathematica 符号计算系统中提供了两种格式的数学表达式:一维格式和二维格式.

对于表达式 $\dfrac{x-1}{2x^2+1}$,如果按照"$(x-1)/(2x^2+1)$"的形式输入,则称为一维格式,其输入方法是,从键盘上选择相应的符号直接输入;如果按照"$\dfrac{x-1}{2x^2+1}$"的形式输入,则称为二维格式,二维格式表达式的输入,可利用控制面板 Palettes 中的 BasicCalculations(基本计算模板)和 BasicInput(基本输入模板)(图 6 – 4).

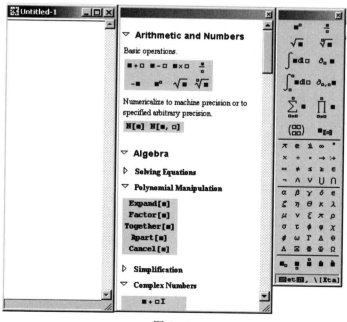

图 6 – 4

图 6 – 4 中，左端为工作区，中间为基本计算模板，右端为基本输入模板．从基本计算模板和基本输入模板中，选择不同的符号即可在工作区中输入各种不同的表达式．

（2）表达式的计算操作．

输入要计算的表达式后，按 Shift + Enter 键即可得到计算结果．

例 3　（1）计算 $12 + 6$；　　　　（2）求 $(x+1)^6$ 的展开式．

解　$\text{In}[11]\colon = 12 + 6$

$\text{Out}[11] = 18$

$\text{In}[12]\colon = \text{Expand}((x+1)^6)$

$\text{Out}[12] = 1 + 6x + 15x^2 + 20x^3 + 15x^4 + 6x^5 + x^6$

3. 变量

（1）变量名．

Mathematica 中内部函数和命令都是以大写字母开始的标示符，自定义的变量应该是以小写字母开始，后跟数字和字母的组合，长度不限．

变量命名时需要注意以下几点：

① 变量名不能以数字开头，不能使用" – "等符号．如：c2b，strName，iNum 都是合法的变量名，而 12b，t – a 是非法的变量名；

② Mathematica 中的变量区分大小写；

③ Mathematica 中，变量不仅可以存放一个数值，还可以存放表达式或复杂的算式．

（2）给变量赋值．

命令格式 1　　　　　　　**"变量 = 表达式"**　或　**"变量 1 = 变量 2 = 表达式"**

执行时，先计算赋值号右边的表达式，再将计算结果送到变量中，其中" = "称为立即赋值号．

命令格式 2　　　　　　　**"变量：= 表达式"**

执行时，系统不做运算，所以没有相应的输出，定义式右边的表达式不被立即求值，直到被调用时才被求值，其中"：= "称为延迟赋值号．

（3）查询变量的值　　**"？变量"**．

（4）清除变量的值　　**"变量 =."** 或 **"Clear[x]"**．

需要说明的是："变量 =." 或 "Clear[x]" 命令使用后，没有输出结果．一般地，在使用一些变量前，最好先清除一下，这可以避免变量的以前赋值影响以后的计算结果．

例如：　　$\text{In}[13]\colon = x = y = 3$

$\text{Out}[13] = 3$

$\text{In}[14]\colon = z\colon = 3x + y$

$\text{In}[15]\colon = z$

$\text{Out}[15] = 12$

$\text{In}[16]\colon = x =.$

$\text{In}[17]\colon = 2x + y$

$\text{Out}[17] = 3 + 2x$

$\text{In}[18]\colon = ?\ x$

Global$'x$——显示 x 是全局变量

4. 用 Mathematica 作代数运算

用 Mathematica 作代数运算的格式及功能见表 6 – 1.

表 6 – 1

命 令 格 式	功 能
Expand[poly]	把多项式 poly 展开
Factor[poly]	对多项式 poly 因式分解
Simplify[poly]	把多项式 poly 写成最简形式

例4 （1）求 $(x+1)^6$ 的展开式；

（2）将表达式 $(x-1)^3(x+1)^4(x^3+1)$ 化简；

（3）将表达式 (x^9-1) 因式分解.

解 （1）$\text{In}[19] := \text{Expand}[(x+1)^6]$

$\text{Out}[19] = 1+6x+15x^2+20x^3+15x^4+6x^5+x^6$

（2）$\text{In}[20] := \text{Simplify}[\text{Expand}(x-1)^3*(x+1)^4*(x^3+1)]$

$\text{Out}[20] = (-1+x)^3(1+x)^5(1-x+x^2)$

（3）$\text{In}[21] := \text{Factor}(x^9-1)$

$\text{Out}[21] = (-1+x)(1+x+x^2)(1+x^2+x^6)$

5. Mathematica 中的常用函数

Mathematica 系统中有几百个可直接调用的数学函数, 下面给出一些常用函数的表示方法.

（1）数值函数.

Abs[x] x 的绝对值

Max[x_1, x_2, ⋯]   取 x_1, x_2, ⋯中的最大值

Min[x_1, x_2, ⋯]   取 x_1, x_2, ⋯中的最小值

N[expr]   表达式的机器精度近似值

N[expr, n]   表达式的 n 位近似值, n 为任意正整数

（2）基本初等函数.

Sqrt[x] $\sqrt{x}$

x^n 幂函数

Exp[x]   以 e 为底的指数函数

Log[x]   以 e 为底的对数函数

Log[a, x]   以 a 为底的对数函数

Sin[x], Cos[x], Tan[x],

Cot[x], Sec[x], Csc[x]   三角函数

ArcSin[x], ArcCos[x],

ArcTan[x], ArcCot[x]   反三角函数

需要说明的是, 在 Mathematica 中, 函数名和自变量之间的分隔符是用方括号"[ ]", 而不是一般数学书上用的圆括号"( )", 例如, 正弦函数表示为 Sin[x]. 三角函数的单位是弧度.

（3）命令函数.

Mathematica 中有许多命令函数, 例如:

作函数图形的函数	Plot$[f[x]，\{x，x\min，x\max\}]$，
解方程函数	Solve$[$eqn，$x]$，
求导函数	D$[f[x]，x]$

详见 Mathematica 使用手册.

数学函数和命令函数统称为内建函数. 使用时应注意, Mathematica 中的命令严格区分大小写, 一般地, 内建函数首写字母必须大写, 有时一个函数名是由几个单词构成, 则每个单词首写字母也必须大写, 例如, 求局部极小值函数 FindMinimum$[f[x]，\{x，x_0\}]$等.

(4) 自定义函数.

① 不带附加条件的自定义函数.

命令格式　　　"$f[x\_]$ = 表达式"或"$f[x\_]$: = 表达式"

执行时系统会把表达式中的 x 都换为 $f(x)$ 的自变量 x(而不是 $x\_$). 函数的自变量具有局部性, 只对所在的函数起作用, 函数执行结束后也就没有了, 不会改变其他全局定义的同名变量的值.

例5 定义函数 $f(x) = x^3 + 2\sqrt{x^2-1} + \sin x$, 并求 $x = 1$, 1.5, $\dfrac{\pi}{3}$时的值, 再求 $f(2x+1)$.

解　In$[22]$： $=f[x\_]$: $= x^3 + 2\sqrt{x^2-1} + \text{Sin}[x]$

In$[23]$： $=f[1]$

Out$[23]$ $= 1 + \text{Sin}[1]$

In$[24]$： $=f[1.]$

Out$[24]$ $= 1.84147$

In$[25]$： $=f[1.5]$

Out$[25]$ $= 6.60856$

In$[26]$： $=f[\text{N}[\text{Pi}]/3.]$

Out$[26]$ $= 2.63609$

In$[27]$： $=f[2x+1]$

Out$[27]$ $= (1+2x)^3 + 2\sqrt{-1+(1+2x)^2} + \text{Sin}[1+2x]$

In$[23]$和 In$[24]$的区别在于: 前者按整数计算, 而后者按实数计算.

② 带有附加条件的自定义函数.

命令格式　　　"$f[x\_]$: = 表达式/; 条件"

功　　能　　　当条件满足时才把表达式赋给 $f(x)$.

需要说明的是:

i. 附加条件经常写成用关系运算符连接着的两个表达式, 称为关系表达式, 关系运算符有 = = (等于), ! = (不等于), > (大于), > = (大于等于), < (小于), < = (小于等于);

ii. 用一个关系表达式只能表示一个条件, 如表示多个条件的组合, 必须用逻辑运算符将多个关系表达式组织到一起, 常用的逻辑运算符——&&(与), ‖(或), !(非).

例6　设有分段函数 $f(x) = \begin{cases} e^x \sin x, & x \leqslant 0 \\ \ln x, & 0 < x \leqslant e, \\ \sqrt{x}, & x > e \end{cases}$ 求当 $x = -100$, 1.5, 3, 100 时对应的函数值, 结果保留 20 位有效数字.

解 $\text{In}[28]: =f[x\_]:=\text{Exp}[x]*\text{Sin}[x]/; x<0$

$\text{In}[29]: =f[x\_]:=\text{Log}[x]/; x>0\&\&x<e$

$\text{In}[30]: =f[x\_]:=\text{Sqrt}[x]/; x>e$

$\text{In}[31]: =\text{N}[f[-100],20]$

$\text{Out}[31]=1.8837186565748022832\times10^{-44}$

$\text{In}[32]: =\text{N}[f[1.5],20]$

$\text{Out}[32]=0.405465$

$\text{In}[33]: =\text{N}[f[3],20]$

$\text{Out}[33]=1.7320508075688772935$

$\text{In}[34]: =\text{N}[f[100],20]$

$\text{Out}[34]=10.000000000000000000$

习题 6-1

1. 定义函数 $f(x)=x^2+\sqrt{x}+\cos x$，并分别求出 $x=1.3$、1、$\dfrac{\pi}{2}$ 时的函数值，最后再求 $f(x^2)$.

2. 设函数 $f(x)=\begin{cases} x^2, & x\leqslant 0, \\ x, & x>0. \end{cases}$ 求 $f(-1.5)$ 和 $f(2)$.

3. 将表达式 $(x-y)^3(x+2y^2)$ 展开，再还原成因子乘积的形式.

4. 将表达式 x^3+3x^2+4x+2 分解因式.

5. 设 $f(x)=\dfrac{\sin x+1}{x}$，求 $f\left(\dfrac{\pi}{2}\right)$，$f\left(\dfrac{\pi}{3}\right)$，结果以实数形式输出，并保留 8 位有效数字.

6. 设函数 $f(x)=\begin{cases} \mathrm{e}^x\cos x, & x\leqslant 0, \\ \log_2 x, & 0<x\leqslant 2, \\ x^2-1, & x>2. \end{cases}$ 求 $f(-5)$、$f(1)$ 和 $f(3)$ 的值，结果具有 10 位有效数字.

第二节　用 Mathematica 求极限

用 Mathematica 求极限的命令格式及功能见表 6-2.

表 6-2

命 令 格 式	功　　能
$\textbf{Limit}[f[x], x\to x_0]$	$x\to x_0$ 时函数 $f[x]$ 的极限
$\textbf{Limit}[f[x], x\to x_0, \textbf{Direction}\to -1]$	$x\to x_0^+$ 时函数 $f[x]$ 的极限
$\textbf{Limit}[f[x], x\to x_0, \textbf{Direction}\to 1]$	$x\to x_0^-$ 时函数 $f[x]$ 的极限

需要说明的是："$x\to x_0$"中的箭头可用键盘上的减号和大于号输入，也可用系统自带的工具栏输入；趋向的点可以是常数，也可以是 $+\infty$（Infinity）和 $-\infty$（-Infinity）.

例1 计算下列函数的极限.

$(1) \lim\limits_{x \to \infty} \left(\dfrac{2-x}{3-x}\right)^x$;

$(2) \lim\limits_{x \to 0^+} \dfrac{2^{\frac{1}{x}} - 1}{2^{\frac{1}{x}} + 1}$;

$(3) \lim\limits_{x \to 1} \left(\dfrac{3}{1-x^3} - \dfrac{1}{1-x}\right)$;

$(4) \lim\limits_{x \to 0} \dfrac{e^{2x} - 1}{x}$.

解 $(1)\mathrm{In}[35]\colon = \mathrm{Limit}\big[\,((2-x)/(3-x))^x,\ x \to \mathrm{Infinity}\,\big]$

$\qquad \mathrm{Out}[35] = \mathrm{e}$

$\qquad (2)\,\mathrm{ln}[36]\colon = \mathrm{Limit}\left[\dfrac{2^{\frac{1}{x}} - 1}{2^{\frac{1}{x}} + 1},\ x \to 0,\ \mathrm{Direction} \to -1\right]$

$\qquad \mathrm{Out}[36] = 1$

$\qquad (3)\,\mathrm{In}[37]\colon = \mathrm{Limit}\left[\dfrac{3}{1-x^3} - \dfrac{1}{1-x},\ x \to 1\right]$

$\qquad \mathrm{Out}[37] = 1$

$\qquad (4)\,\mathrm{In}[38]\colon = \mathrm{Limit}\left[\dfrac{\mathrm{Exp}[2x] - 1}{x},\ x \to 0\right]$

$\qquad \mathrm{Out}[38] = 2$

习题 6 – 2

计算下列极限.

$(1)\ \lim\limits_{x \to +\infty} \dfrac{\arctan x}{x}$;

$(2)\ \lim\limits_{x \to 1} \dfrac{\sqrt{x+2} - \sqrt{3}}{x-1}$;

$(3)\ \lim\limits_{x \to 0^+} (1-2x)^{\frac{1}{x}}$;

$(4)\ \lim\limits_{x \to +\infty} \left(1 + \dfrac{2}{x}\right)^{x+2}$;

$(5)\ \lim\limits_{x \to 1} \dfrac{x^2 - 3x + 2}{x^2 - 4x + 3}$;

$(6)\ \lim\limits_{x \to 0} \dfrac{1 - \cos x}{x \sin x}$;

$(7)\ \lim\limits_{x \to 0^+} x^{\sin x}$;

$(8)\ \lim\limits_{x \to +\infty} \left(\dfrac{\sin x}{x}\right)^{\frac{1}{x^2}}$.

第三节　用 Mathematica 求导数和微分

一、求函数的导数与微分

求函数的导数与微分的命令格式与功能见表 6 – 3.

表 6 – 3

命 令 格 式	功　　能
$\mathbf{D}[\boldsymbol{f}(\boldsymbol{x}),\ \boldsymbol{x}]$	求 $f(x)$ 对 x 的导数
$\mathbf{D}[\boldsymbol{f}(\boldsymbol{x}),\ \{\boldsymbol{x},\ \boldsymbol{n}\}]$	求 $f(x)$ 对 x 的 n 阶导数
$\mathbf{Dt}[\boldsymbol{f}(\boldsymbol{x})]$	求 $f(x)$ 的微分

例 1 求下列函数的导数.

(1) $y = x^5 - 2x^2 + 3$;　　　　　　　　　　　　(2) $y = x^3 \cos x^2$;

(3) $y = x^{\sin x}$;　　　　　　　　　　　　　　　(4) $y = g[h(x)]$.

解 (1) In[5]: = D$[x^5 - 2x^2 + 3, x]$

　　　　Out[5] $= -4x + 5x^4$

(2) In[6]: = D$[x^3 * \text{Cos}[x^2], x]$

　　　　Out[6] $= 3x^2 \text{Cos}[x^2] - 2x^4 \text{Sin}[x^2]$

(3) In[7]: = D$[x^{\text{Sin}[x]}, x]$

　　　　Out[7] $= x^{\text{Sin}[x]} \left(\text{Cos}[x] \text{Log}[x] + \dfrac{\text{Sin}[x]}{x} \right)$

(4) In[8]: = D$[g[h[x]], x]$

　　　　Out[8] $= g'[h[x]]h'[x]$

例 2 设 $f(x) = \dfrac{\cos x}{2x^3 + 3}$, 求 $y'|_{x=\frac{\pi}{2}}$ 和 y''.

解 In[9]: = f$[x\_]$: = $\dfrac{\text{Cos}[x]}{2x^3 + 3}$

　　　D$[f[x], x]$;

　　　f1$[x\_] = \%$

　　　f1$[\text{Pi}/2\_]$

　　　N$[\%, 15]$

　　　D$[f[x], \{x, 2\}]$

Out[11] $= -\dfrac{6x^2 \text{Cos}[x]}{(3 + 2x^3)^2} - \dfrac{\text{Sin}[x]}{3 + 2x^2}$

Out[12] $= -\dfrac{1}{3 + \dfrac{\pi^3}{4}}$

Out[13] $= -0.0930096792553145$

Out[14] $= -\dfrac{\text{Cos}[x]}{3 + 2x^3} + \left(\dfrac{72x^4}{(3 + 2x^3)^3} - \dfrac{12x}{(3 + 2x^3)^2} \right) \text{Cos}[x] + \dfrac{12x^2 \text{Sin}[x]}{(3 + 2x^3)^2}$

在 Mathematica 中, 分号 ";" 的作用是阻止屏幕输出, 所以以分号结尾的输入语句均没有相应的输出. 有分号作为表达式间的分割符号还可以实现在一个输入行中输入多个表达式.

例 3 求下列函数的微分.

(1) $y = x^3 \cos x^2$;　　　　　　　(2) $y = xe^x$.

解 (1) In[15]: = Dt$[x^3 * \text{Cos}[x^2]]$

　　　　Out[15] $= 3x^2 \text{Cos}[x^2] \text{Dt}[x] - 2x^4 \text{Dt}[x] \text{Sin}[x^2]$

(2) In[16]: = Dt$[x * \text{Exp}[x]]$

　　　　Out[16] $= e^x \text{Dt}[x] + e^x * x \text{Dt}[x]$

二、隐函数的导数

命令格式 **Dt$[F(x, y) = = 0, x]$**

功　能 求由方程 $F(x, y) = 0$ 所确定的函数 $y = f(x)$ 的导数 $\dfrac{\mathrm{d}y}{\mathrm{d}x}$.

例4 求由方程 $3y^3 + \cos y = 2x^2 e^y$ 所确定的函数 $y = f(x)$ 的导数.

解 In[17] ：= Dt[3y³ + Cos[y] == 2x²Exp[y], x]

Out[17] = 9y²Dt[y, x] − Dt[y, x]Sin[y] == 4e^y x + 2e^y x²Dt[y, x]

In[18] ：= Solve[%, Dt[y, x]]

$$\text{Out[18]} = \left\{ \left\{ \text{Dt}[y, x] \to -\frac{4e^y x}{2e^y x^2 - 9y^2 + \text{Sin}[y]} \right\} \right\}$$

注：**Solve[% , Dt[y , x]]** 的作用是解出刚才结果中的 Dt[y , x].

三、由参数方程确定的函数的导数

命令格式　**pD[{s = D[y(t), t], r = D[x(t), t]}, s/r]**

功　　能　求由参数方程 $\begin{cases} x = x(t) \\ y = y(t) \end{cases}$，确定的函数 $y = f(x)$ 的导数.

例5 设 $y = f(x)$ 是由参数方程 $\begin{cases} x = a(t - \sin t) \\ y = a(1 - \cos t) \end{cases}$ 所确定的函数，求 $\dfrac{dy}{dx}$ 及 $\dfrac{dy}{dx}\bigg|_{t=\frac{\pi}{2}}$ 的值.

解 In[19] ：= u = pD[{s = D[a(1 − Cos[t]), t], r = D[a(t − Sin[t]), t]}, s/r]

$$\text{Out[19]} = \text{pD}\left[\{a\text{Sin}[t], a(1 - \text{Cos}[t])\}, \frac{\text{Sin}[t]}{1 - \text{Cos}[t]} \right]$$

In[20] ：= u/. t → $\dfrac{\pi}{2}$

Out[20] = pD[a, a, 1]

说明　在 Out[19]中，共有三项输出：第一项为 $\dfrac{dy}{dt}$，第二项为 $\dfrac{dx}{dt}$，第三项为 $\dfrac{dy}{dx}$.

习题　6−3

1. 求下列函数的导数及微分.

　　(1) $y = x^2 \sin x$；　　　　　　　　　(2) $y = \ln(x + \sqrt{x^2 + a^2})$；

　　(3) $y = \dfrac{\cot x}{1 + \sqrt{x}}$；　　　　　　　(4) $y = 3^{\sqrt{\ln x}}$.

2. 求下列函数在指定点的导数.

　　(1) 设 $f(x) = \dfrac{1 + \sqrt{x}}{1 - \sqrt{x}} - \dfrac{5}{9}x + 1$，求 $f'(4)$.

　　(2) 设 $y = \sqrt{x^2 + 1}\ \ln(x + \sqrt{x^2 + 1})$，求 $y'(0)$.

3. 求下列隐函数的导数.

　　(1) $e^y - xy^2 = 3$；　　　　　　　　(2) $\cos(xy) = x$；

　　(3) $\arctan \dfrac{y}{x} = \ln \sqrt{x^2 + y^2}$；　　　　(4) $x^y = y^x$.

4. 设 $y = f(x)$ 是由参数方程 $\begin{cases} x = \dfrac{3t}{1 + t^2} \\ y = \dfrac{3t^2}{1 + t^2} \end{cases}$ 所确定的函数，求 $\dfrac{dy}{dx}$ 及 $\dfrac{dy}{dx}\bigg|_{t=2}$ 的值.

5. 求下列参数方程所确定的函数的导数 $\dfrac{\mathrm{d}y}{\mathrm{d}x}$.

$$(1)\begin{cases} x = \sqrt{1+t} \\ y = \sqrt{1-t} \end{cases};$$

$$(2)\begin{cases} x = a\cos^3 t \\ y = a\sin^3 t \end{cases}.$$

第四节　用 Mathematica 求函数的极值、作函数的图形

一、作图函数

作图函数的命令格式及功能见表6-4.

表 6 - 4

命　令　格　式	功　　能
Plot$[f[x], \{x, a, b\}]$	描绘函数 $f(x)$ 在区间 $[a, b]$ 上的图像
Plot$[\{f, g, \cdots\}, \{x, a, b\}]$	同时画出 $f[x]$, $g[x]$, $\cdots$ 在 $[a, b]$ 上的图形
ParametricPlot$[\{x(t), y(t)\}, \{t, \alpha, \beta\}]$	在区间 $[\alpha, \beta]$ 上, 描绘参数曲线图, t 为参数
ParametricPlot$[\{\{x_1(t), y_1(t)\}, \{x_2(t), y_2(t)\}, \cdots\}, \{t, \alpha, \beta\}]$	在区间 $[\alpha, \beta]$ 上同时画出多个参数曲线图, t 为参数
PolarPlot$[\rho(\theta), \{\theta, \alpha, \beta\}]$	描绘由极坐标方程 $\rho = \rho(\theta)$ 所确定的曲线
PolarPlot$[\{\rho_1(\theta), \rho_2(\theta)\}, \{\theta, \alpha, \beta\}]$	同时画出 $\rho_1 = \rho_1(\theta)$, $\rho_2 = \rho_2(\theta)$ 所确定的曲线

如果要指定坐标轴的名称, 可在命令的后面加 AxesLabel 选项, 具体如下:

$$\mathbf{Plot}[f[x], \{x, a, b\}, \mathbf{AxesLabel} \to \{x, y\}]$$

如果要指定在坐标轴上不加刻度, 可在命令的后面加 Ticks 选项:

$$\mathbf{Plot}[f[x], \{x, a, b\}, \mathbf{Ticks} \to \mathbf{False}]$$

如果需要在图形上加网格线, 可在命令的后面加 GridLines 选项:

$$\mathbf{Plot}[f[x], \{x, a, b\}, \mathbf{GridLines} \to \mathbf{Automatic}]$$

需要说明的是, 在使用极坐标绘图命令之前, 要先加载 ≪Graphsic′Graphsic′ 函数库.

例1　作出函数 $f(x) = \mathrm{e}^{-x^2}$ 在 $(-3, +3)$ 内的图形.

解　In[1]：=$f[x\_]:=\mathrm{Exp}[-x^2]$

　　　In[2]：=Plot$[f[x], \{x, -3, +3\}]$

　　　Out[2]$=$- Graphics -（图6-5）

例2　作出函数 $f(x) = x^3 - 3x^2 + 1$ 在 $(-2, 4)$ 内的图形.

解　In[3]：=$f[x\_]:=x^3 - 3x^2 + 1$

In[4]：= Plot[f[x]，{x，-2，4}，AxesLabel→{x，y}]

Out[4] = - Graphics - (图 6 - 6)

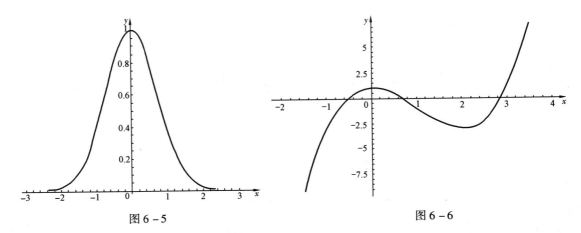

图 6 - 5   图 6 - 6

例3 作出函数 $f(x) = \begin{cases} e^x, & -5 \leqslant x < 0 \\ 1-x, & 0 \leqslant x \leqslant 5 \end{cases}$ 的图形.

解 In[5]：= f[x_]：= Exp[x]/；x<0；

              f[x_]：= 1-x/；x⩾0；

Plot[f[x]，{x，-5，5}，AxesLabel{x，y}]

Out[7] = - Graphics - (图 6 - 7)

例4 在同一坐标系中作出函数 $f_1(x) = \sin 2x$ 和 $f_2(x) = \cos 2x$ 在区间 $[-\pi，\pi]$ 上的图像

解 In[8]：= f1[x_]：= Sin[2x]；

              f2[x_]：= Cos[2x]；

Plot[{f1[x]，f2[x]}，{x，-π，π}]

Out[10] = - Graphics - (图 6 - 8)

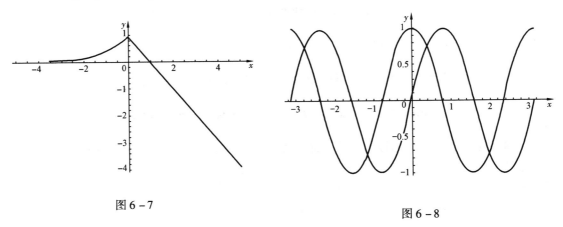

图 6 - 7   图 6 - 8

例5 描绘由参数方程 $\begin{cases} x = t - \sin t \\ y = 1 - \cos t \end{cases}$ $(0 \leqslant t \leqslant 6\pi)$ 所确定的函数的图形.

解 In[11]: = ParametricPlot[{(t - Sin[t]), (1 - Cos[t])}, {t, 0, 6π}]

Out[11] = - Graphics - (图6 - 9)

二、求函数的极值

命令格式   FindMinimum[f, {x, x₀}]

功能以 $x = x_0$ 为初始条件, 求函数 $f[x]$ 的极小值.

Mathematica 中没有提供求函数的极大值的命令, 求函数的极大值时, 可先将函数乘以 -1, 再利用 FindMinimum 命令求出的极小值乘以 -1 即得到极大值. 如果要求函数的极值, 可先做出函数在某一区间的图形, 观察图形该区间内的大致极值点, 然后以这些点为初始条件, 利用 FindMinimum 命令找出函数在这一区间内的极值.

例6 求函数在 $g(x) = x^4 - 2x^2$ 在 $[3, 3]$ 内的极值.

解 首先定义函数, 作出函数的图像.

In[12]: = g[x_]: = x⁴ - 2x²;

Plot[g[x], {x, -3, 3}, AxesLabel→{x, y}]

Out[13] = - Graphics - (图6 - 10)

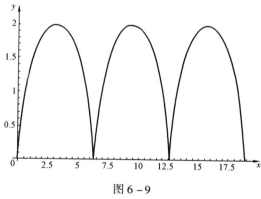

图6 - 9

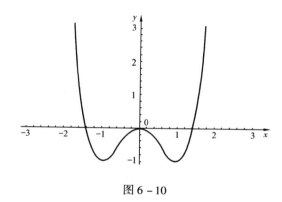

图6 - 10

观察图像可知, 函数在 $[-3, 3]$ 内有两个极小值, 因此, 选择不同的初始值就能求得函数在不同区间内的极小值.

In[14]: = FindMinimum[g[x], {x, -2}]

Out[14] = { -1. , {x→ -1. }}

In[15]: = FindMinimum[g[x], {x, 0.5}]

Out[15] = { -1. , {x→1. }}

所以函数的极小值为 -1.

下面求函数的极大值.

In[16]: = FindMinimum[-g[x], {x, -0.5}]

Out[16] = {0. , {x→0. }}

所以函数的极大值为0.

习题 6-4

1. 作出函数 $f(x) = \dfrac{x^2}{x+1}$ 在 $[-4, 6]$ 上的图形.

2. 设 $f(x) = \begin{cases} x^2 - \sin^2 x, & x \leqslant 0 \\ 1 - 2x, & x > 0 \end{cases}$. 作出 $f(x)$ 在 $[-3, 3]$ 上的图形.

3. 作出由参数方程 $\begin{cases} x = a\cos^3\theta \\ y = a\sin^3\theta \end{cases}$ $(-3 \leqslant \theta \leqslant 3)$ 确定的函数的图形.

4. 作出函数 $f(x) = \dfrac{x^2(x-1)}{(x+1)^2}$ 在 $[-5, 35]$ 上的图形.

5. 作出函数 $f(x) = \sqrt{8x^2 - x^4}$ 在 $[-2\sqrt{2}, 2\sqrt{2}]$ 上的图形.

6. 求函数 $f(x) = x^3 - 6x^2 + 9x - 3$ 在 $[-3, 4]$ 上的极值.

7. 求函数 $f(x) = x^2\cos x \ln x$ 在 $[5, 20]$ 上的极值.

第五节　用 Mathematica 计算不定积分

命令格式　　　　　　　　**Integrate[f, x]**.

功　　能　　　　　　　计算不定积分 $\displaystyle\int f(x)\,\mathrm{d}x$.

需要说明的是：

(1) 在 Mathematica 中, 计算不定积分除了用上述方法外, 也可以利用模板 $\displaystyle\int \square\,\mathrm{d}\square$；

(2) Mathematica 并不能够计算所有的不定积分, 如 $\displaystyle\int \sin \sin x\,\mathrm{d}x$ 系统就无法计算, 但是对于一些用手工很麻烦的积分, 却比较方便；

(3) 计算结果中没有包含常数 C.

例　求下列不定积分.

(1) $\displaystyle\int \dfrac{3+x}{\sqrt{4+x^2}}\,\mathrm{d}x$；　　　　　　　　(2) $\displaystyle\int \arctan\sqrt{x}\,\mathrm{d}x$.

解　$(1)\,\mathrm{In}[1]:= \mathrm{Integrate}\left[\dfrac{3+x}{\sqrt{4+x^2}}, x\right]$

$\qquad\quad \mathrm{Out}[1] = \sqrt{4+x^2} + 3\,\mathrm{ArcSinh}\left[\dfrac{x}{2}\right]$

$\qquad (2)\,\mathrm{In}[2]:= \displaystyle\int \mathrm{ArcTan}[\sqrt{x}]\,\mathrm{d}x$

$\qquad\quad \mathrm{Out}[2] = -\sqrt{x} + (1+x)\,\mathrm{ArcTan}[\sqrt{x}]$

习题 6－5

计算下列不定积分.

(1) $\int \dfrac{x^2 + 1}{x\sqrt{x}}\mathrm{d}x$;

(2) $\int (2\sec x - \tan x)\tan x\,\mathrm{d}x$;

(3) $\int x\arctan x\,\mathrm{d}x$;

(4) $\int \dfrac{2x + 3}{1 + x^2}\,\mathrm{d}x$;

(5) $\int \dfrac{1 + \tan x}{\sin 2x}\,\mathrm{d}x$;

(6) $\int \dfrac{6x - 5}{2\sqrt{3x^2 - 5x + 6}}\,\mathrm{d}x$;

(7) $\int \cos\dfrac{x}{2}\cos\dfrac{x}{3}\,\mathrm{d}x$;

(8) $\int \ln(x + \sqrt{1 + x^2})\,\mathrm{d}x$;

(9) $\int \dfrac{2 - \sin x}{2 + \cos x}\,\mathrm{d}x$;

(10) $\int x\tan x\sec^4 x\,\mathrm{d}x$.

第六节　用 Mathematica 求定积分和广义积分

用 Mathematica 求定积分和广义积分的命令格式与功能见表 6－5.

表 6－5

命 令 格 式	功　　能
Integrate$[f, \{x, a, b\}]$	计算定积分 $\int_a^b f(x)\,\mathrm{d}x$
Integrate$[f, \{x, a, \text{Infinity}\}]$	计算广义积分 $\int_a^{+\infty} f(x)\,\mathrm{d}x$
Integrate$[f, \{x, -\text{Infinity}, b\}]$	计算广义积分 $\int_{-\infty}^b f(x)\,\mathrm{d}x$
Integrate$[f, \{x, -\text{Infinity}, \text{Infinity}\}]$	计算广义积分 $\int_{-\infty}^{+\infty} f(x)\,\mathrm{d}x$

说明：　利用 Mathematica 计算定积分与广义积分时，也可以使用模板 $\int_{\square}^{\square}\square\mathrm{d}\square$.

例　计算下列积分.

(1) $\int_1^4 \dfrac{1}{x + \sqrt{x}}\,\mathrm{d}x$;

(2) $\int_0^{\frac{\pi}{2}} x^2\cos x\,\mathrm{d}x$;

(3) $\int_0^{+\infty} \mathrm{e}^{-x}\,\mathrm{d}x$;

(4) $\int_{-\infty}^{+\infty} \dfrac{1}{1 + x^2}\,\mathrm{d}x$.

解　(1) In[1]：= Integrate$\left[\dfrac{1}{x + \sqrt{x}}, \{x, 1, 4\}\right]$

Out[1] = Log$\left[\dfrac{9}{4}\right]$

(2) In[2]：= $\int_0^{\frac{\pi}{2}} x^2 * \text{Cos}[x]\,\mathrm{d}x$

Out[2] = $\dfrac{1}{4}(-8 + \pi^2)$

— 139 —

(3) $In[3]: = Integrate[Exp[-x], \{x, 0, +Infinity\}]$

$Out[3] = 1$

(4) $In[4]: = \int_{-\infty}^{+\infty} \dfrac{1}{1+x^2}dx$

$Out[4] = \pi$

习题 6−6

计算下列积分.

(1) $\displaystyle\int_{-\frac{\pi}{2}}^{\frac{\pi}{2}} \sqrt{1-\cos 2x}\, dx$;

(2) $\displaystyle\int_{1}^{2} \dfrac{\sqrt{x^2-1}}{x^4}dx$;

(3) $\displaystyle\int_{0}^{+\infty} xe^{-x}dx$;

(4) $\displaystyle\int_{-\infty}^{+\infty} \dfrac{1}{x^2+2x+2}dx$;

(5) $\displaystyle\int_{0}^{\frac{\pi}{4}} \dfrac{1-\cos^4 x}{2}dx$;

(6) $\displaystyle\int_{1}^{2} \sqrt{x}\ln x\, dx$;

(7) $\displaystyle\int_{1}^{+\infty} \dfrac{\arctan x}{x^2}dx$;

(8) $\displaystyle\int_{1}^{2} \dfrac{x}{\sqrt{1-x^2}}dx$;

(9) $\displaystyle\int_{1}^{2} \dfrac{1}{x\sqrt{x^2-1}}dx$;

(10) $\displaystyle\int_{1}^{e} \dfrac{1}{x\sqrt{1-\ln^2 x}}dx$.

习题参考答案

习题 1-1

1. $(1)[-2,+\infty)$; $\quad(2)(-\infty,-1)\cup(-1,3)\cup(3,+\infty)$;
   $(3)[-2,-1)\cup(-1,1)\cup(1,+\infty)$; $\quad(4)(0,+\infty)$.

2. $f(x+1)=(x+1)(x-1)$; $f(x-2)=(x-2)(x-4)$.

3. (1)不相同;(2)不相同;(3)不相同;(4)不相同.

4. $(1)\sqrt{2}$; $\quad(2)2$; $\quad(3)1+3\pi$.

5. $y=\dfrac{x}{3}+2$.

6. (1)偶函数; $\quad$(2)奇函数; $\quad$(3)偶函数; $\quad$(4)奇函数;
   (5)非奇非偶函数; $\quad$(6)奇函数.

习题 1-2

1. $(1)y=\cos u,u=3x$; $\quad(2)y=e^u,u=-x$; $\quad(3)y=u^3,u=\sin x$; $\quad(4)y=e^u,u=\cos v,v=2x$;
   $(5)y=\ln u,u=\sin v,v=\sqrt{t},t=1-x^2$; $\quad(6)y=\sqrt{u},u=1+x^2+x^3$.

2. $\dfrac{1}{(x-1)^2},1,\dfrac{1}{4},\dfrac{x^2}{(x-1)^2}$.

3. $\dfrac{x-1}{x},x$.

4. $2-2x^2$.

习题 1-3

1. $(1)0$; $\quad(2)0$; $\quad(3)$不存在; $\quad(4)$不存在; $\quad(5)0$; $\quad(6)$不存在.

2. 4.

3. $-1,1$,不存在,0.

4. (1)当 $x\to\infty$ 时,$y=x^2$ 为无穷大,而当 $x\to0$ 时,$y=x^2$ 为无穷小;
   (2)当 $x\to+\infty$ 时,$y=2^x$ 为无穷大,而当 $x\to-\infty$ 时,$y=2^x$ 为无穷小;
   (3)当 $x\to+\infty$ 时,$y=\ln x$ 为(正)无穷大,当 $x\to0^+$ 时,$y=\ln x$ 为(负)无穷大;而当 $x\to1$ 时,$y=\ln x$ 为无穷小;
   (4)当 $x\to0$ 时,$y=\arctan x$ 为无穷小.

5. $(1)0$; $\quad(2)0$; $\quad(3)0$.

习题 1-4

1. $(1)6$; $\quad(2)\dfrac{1}{4}$; $\quad(3)-1$; $\quad(4)0$; $\quad(5)3$; $\quad(6)0$; $\quad(7)\dfrac{3}{2}$; $\quad(8)1$.

2. $(1)3$; $\quad(2)\dfrac{5}{3}$; $\quad(3)1$; $\quad(4)e^2$; $\quad(5)e^2$; $\quad(6)e$; $\quad(7)1$; $\quad(8)e^{-2}$.

3. 略.

4. 等价.

习题 1-5

1. $(1)\Delta y=3$; $\quad(2)\Delta y=-1$; $\quad(3)\Delta y=2\Delta x+(\Delta x)^2$; $\quad(4)\Delta y=2(x_0-1)\Delta x+(\Delta x)^2$.

2. 不连续.

*3. $a=1$.

4. 间断点为 $x=1$ 和 $x=2$,$x=1$ 为可去间断点,$x=2$ 为第二类间断点.

5. $(1)1$; $\quad(2)5$; $\quad(3)\dfrac{\pi}{4}$; $\quad(4)e$; $\quad(5)\sqrt{3}$; $\quad(6)0$.

6. 略.

1. (1)C; (2)A; (3)C; (4)D; (5)A; (6)D.

2. (1)e^{2x}; (2)x^2+x+3; (3)$x=-2,x=2$; (4)0; (5)$\dfrac{1}{2}$; (6)0.

3. (1)偶函数; (2)非奇非偶; (3)奇函数; (4)奇函数.

4. $y=\begin{cases}0.3x, & x\leqslant 50 \\ 0.45x-7.5, & x>50\end{cases}$ （图略）.

5. $\sqrt{(80-15t)^2+(20t)^2}, t\geqslant 0$.

6. (1)略; (2)0,0; (3)存在,极限为0.

7. $0,3,\dfrac{27}{4}$.

8. (1)无穷大; (2)无穷小; (3)无穷小; (4)无穷小; (5)无穷小; (6)无穷小.

9. (1)1; (2)$\dfrac{1}{2}$; (3)1; (4)0; (5)$-\dfrac{1}{2}$; *(6)$-\dfrac{2^{10}}{3^{25}}$.

10. (1)0; (2)0; (3)0.

11. (1)1; (2)不存在; (3)0; (4)e^{-2}; (5)e^2; (6)e^4.

12. (1)$\dfrac{1}{2}$; (2)0.

*13. (1)$x=2$ 为第二类间断点,$x=1$ 为可去间断点;

(2)$x=0$ 为可去间断点,$x=\dfrac{\pi}{4}+\dfrac{k}{2}\pi$($k$ 为整数)为第二类间断点;

(3)$x=0$ 为可去间断点;

(4)$x=0$ 为跳跃间断点.

14. $a=1$.

15. $a=0,b=15$.

16. 略.

一、1. ×. 2. ×. 3. ×. 4. √. 5. √. 6. ×.

二、1. $\dfrac{3}{4}$; 2.3; 3.$\dfrac{1}{2}$;4.2;

三、1. (1)-1;(2)-4;2.(1)e^3;(2)e^{-2}.

1. (1)$\bar{v}=4+\Delta t$; (2)$\bar{v}=4.1$; (3)$v=4$.

2. (1)$-1,-1$; (2)$2x,4$.

3. (1)$y'=100x^{99}$; (2)$y'=-\dfrac{1}{2x\sqrt{x}}$;(3)$y'=-\dfrac{1}{x^2}$;(4)$y'=\dfrac{4}{3}x^{\frac{1}{3}}$.

4. 切线方程为 $x+y-2=0$,法线方程为 $x-y=0$.

5. $\left(\dfrac{1}{3},\dfrac{1}{3}-\ln 3\right)$.

1. (1)$y'=3x^2-3$; (2)$y'=\dfrac{3}{x}-\cos x$; (3)$y'=2x-\dfrac{1}{x^2}$;

(4)$y'=2\ln a\cdot x$; (5)$y'=\dfrac{3}{2}\sqrt{x}+\dfrac{1}{2\sqrt{x}}-1$; (6)$y'=-x\sin x+\sin x\ln x+\dfrac{x-1}{x}(1+\cos x)$;

(7)$y'=\dfrac{x^2+2x+2}{(2-x^2)^2}$; (8)$y'=\dfrac{1-\cos x-x\sin x}{(1-\cos x)^2}$; (9)$y'=2x\arcsin x+\dfrac{x^2}{\sqrt{1-x^2}}$;

$(10)y' = (\ln x + 1)\sin x + x\ln x\cos x.$

2. $(1)2$； $(2) -6\pi - 1$； $(3) -\dfrac{1}{2e}$； $(4)16.$

3. $(1)y' = 2\cos 2x$； $(2)y' = -\sin 2x$； $(3)y' = 9(2x-1)(x^2 - x + 1)^8$；

   $(4)y' = 3e^{3x}$； $(5)y' = 2x\sec^2(x^2 + 1)$； $(6)y' = 2x\cot x^2$；

   $(7)y' = \dfrac{x}{\sqrt{(1-x^2)^3}}$； $(8)y' = -6x\cos^2(x^2+1)\sin(x^2+1)$；

   $(9)y' = \dfrac{x}{a^2 + x^2}$； $(10)y' = \dfrac{1}{2\sqrt{x}}\cos\sqrt{x} + \dfrac{1}{2\sqrt{\sin x}}\cos x$；

   $(11)y' = \dfrac{1 - x + 2x^2}{\sqrt{x^2+1}}$； $(12)y' = \dfrac{1}{2\sqrt{x}}\cot\sqrt{x}.$

4. $(1)\dfrac{1}{4}$； $(2)\dfrac{\sqrt{2}}{2e}.$

5. $(1)y' = -\dfrac{x}{\sqrt{1-x^2}}\arccos x - 1$； $(2)y' = \dfrac{1}{x\sqrt{1-x^2}} - \dfrac{\arcsin x}{x^2}$；

   $(3)y' = -\dfrac{1}{x^2 + 1}$； $(4)y' = \arcsin(\ln x) + \dfrac{1}{\sqrt{1-\ln^2 x}}.$

*6. $(1)y' = \dfrac{\cos x}{f(\sin x)}f'(\sin x)$； $(2)y' = \dfrac{x}{\sqrt{1+x^2}}g'(\sqrt{1+x^2}).$

习题 2 – 3

1. $(1)\dfrac{x^2 + 2y}{y^2 - 2x}$； $(2)\dfrac{e^y}{1 - xe^y}$； $(3)\dfrac{y^2 + 1}{y^2 + 2}$； $(4) -\dfrac{y^2 e^x}{ye^x + 1}$；

   $(5)\dfrac{\cos y - \cos(x+y)}{x\sin y + \cos(x+y)}$； $(6)y' = \dfrac{2\sin x}{\cos y - 2}.$

2. 切线方程为 $y = 1.$

3. $(1)x^{e^x}e^x\left(\dfrac{1}{x} + \ln x\right)$； $(2)(1+x^2)^{\tan x}\left[\sec^2 x\ln(1+x^2) + \dfrac{2x\tan x}{1+x^2}\right]$；

   $(3)\dfrac{1}{2}\sqrt{\dfrac{(1+x)(x-2)}{x(x-3)}}\left(\dfrac{1}{x+1} + \dfrac{1}{x-2} - \dfrac{1}{x} - \dfrac{1}{x-3}\right)$；

   $(4)\dfrac{\sqrt[5]{x-3}\sqrt[3]{3x-2}}{\sqrt{x+2}}\left[\dfrac{1}{5(x-3)} + \dfrac{1}{3x-2} - \dfrac{1}{2(x+2)}\right].$

4. $(1)2t$； $(2) -\dfrac{b}{a}\cot t.$

5. $(1)2 - \dfrac{1}{x^2}$； $(2)2\arctan x + \dfrac{2x}{1+x^2}$； $(3) -\dfrac{R^2}{y^3}$； $(4)\dfrac{e^{2y}(2 + xe^y)}{(1 + xe^y)^3}.$

*6. $(1)\dfrac{1}{a}$； $(2) -\dfrac{1}{4a\sin^4\dfrac{t}{2}}, -\dfrac{1}{a}.$

7. $(1)2^n e^{2x}$； $(2)y^{(n)} = \begin{cases} 1 + \ln x, & n = 1 \\ (-1)^n\dfrac{(n-2)!}{x^{n-1}}, & n \geqslant 2 \end{cases}$；

   $(3)2^n\sin\left(2x + \dfrac{n}{2}\pi\right)$； $(4)(-1)^n\dfrac{2n!}{(1+x)^{n+1}}.$

习题 2 – 4

1. $(1)\Delta y = 0, dy = -1$； $(2)\Delta y = -0.09, dy = -0.1$； $(3)\Delta y = -0.0099, dy = -0.01.$

2. $(1)\Delta y = 0.04, dy = 0.04$； $(2)\Delta y = -0.0599, dy = -0.06.$

3. $(1)\,\mathrm{d}y = 3x^2\,\mathrm{d}x;$ $(2)\,\mathrm{d}y = \left(\dfrac{1}{2\sqrt{x}} - 1\right)\mathrm{d}x;$ $(3)\,\mathrm{d}y = 2\mathrm{e}^{\sin 2x}\cdot\cos 2x\,\mathrm{d}x;$

   $(4)\,\mathrm{d}y = -4x(4-x^2)\,\mathrm{d}x;$ $(5)\,\mathrm{d}y = \dfrac{\mathrm{e}^x}{1+\mathrm{e}^{2x}}\mathrm{d}x;$ $(6)\,\mathrm{d}y = -\mathrm{e}^{-x}(\sin x + \cos x)\,\mathrm{d}x;$

   $(7)\,\mathrm{d}y = -\dfrac{2}{(x-1)^2}\mathrm{d}x;$ $(8)\,\mathrm{d}y = \dfrac{1}{x\sqrt{x}}\left(1 - \dfrac{1}{2}\ln x\right)\mathrm{d}x.$

4. $(1)\,\sin x + C;$ $(2)\,x^2 + x + C;$ $(3)\,\mathrm{e}^x + C;$ $(4)\,\ln x + C;$

   $(5)\,\arctan x + C;$ $(6)\,-\cos x + C;$ $(7)\,\dfrac{3}{2}x^2 + C;$ $(8)\,\dfrac{1}{\omega}\sin\omega x + C;$

   $(9)\,\ln|1+x| + C;$ $(10)\,-\dfrac{1}{2}\mathrm{e}^{-2x} + C;$ $(11)\,2\sqrt{x} + C;$ $(12)\,\dfrac{1}{3}\tan 3x + C.$

5. $(1)\,0.03;$ $(2)\,0.04;$ $(3)\,1.05;$ $(4)\,0.02;$

   $(5)\,1.006;$ $(6)\,2.7455.$

6. $\Delta V = 30.301(\mathrm{m}^2)$, $\mathrm{d}V = 30(\mathrm{m}^2).$

7. 1.1184.

8. 略.

复习题二

1. $(1)\,C;$ $(2)\,A;$ $(3)\,D;$ $(4)\,B;$ $(5)\,B;$ $*(6)\,B;$ $(7)\,C.$

2. $(1)\,6;$ $(2)\,2x + 2^x\ln 2;$ $(3)\,-\dfrac{y^2}{1+xy}\mathrm{d}x;$ $*(4)\,f'(0);$

   $(5)\,2f'(2x);$ $*(6)\,2, -1.$

3. $(1)\,2x - \dfrac{1}{2\sqrt{x}};$ $(2)\,\sec x(2\sec x + \tan x);$ $(3)\,\mathrm{e}^x(x^2+1);$ $(4)\,\dfrac{1}{x\sqrt{1-x^2}} - \dfrac{\arcsin x}{x^2};$

   $(5)\,-2\cos(3-2x);$ $(6)\,\dfrac{1}{2\sqrt{x-x^2}};$ $(7)\,\dfrac{1}{\sqrt{x^2+5}};$ $(8)\,\sec x;$

   $(9)\,(1+x^2)^x\left[\ln(1+x^2) + \dfrac{2x^2}{1+x^2}\right];$ $(10)\,\dfrac{\sqrt{x+1}}{\sqrt[3]{x^2+2}}\left[\dfrac{1}{2(x+1)} - \dfrac{2x}{3(x^2+2)}\right].$

4. $(1)\,\dfrac{4}{3}\sqrt{3};$ $(2)\,\dfrac{8}{(\pi+2)^2};$ $*(3)\,\dfrac{\sqrt{3}}{9};$ $(4)\,-1 - \dfrac{\pi}{2}.$

5. $(1)\,3\tan 3x\,\mathrm{d}x;$ $(2)\,\dfrac{1}{x\sqrt{x^2-1}}\mathrm{d}x;$ $(3)\,3\cos(1-2x)\sin(2-4x)\,\mathrm{d}x;$

   $(4)\,\dfrac{1}{(x^2+1)\sqrt{x^2+1}}\mathrm{d}x.$

6. $\dfrac{t}{2}, \dfrac{1+t^2}{4t}.$

7. $\dfrac{y(y-x\ln y)}{x(x-y\ln x)}.$

8. 略.

$*$9. $(1)\,3f'(x_0);$ $(2)\,2f'(x_0).$

10. $\Delta S = 6.31(\mathrm{cm}^2)$, $\mathrm{d}S = 6.28(\mathrm{cm}^2).$

自测题二

一、1. $\times$. 2. $\sqrt{}$. 3. $\times$. 4. $\times$.

二、1. $y = 12x - 16;$ 2. 3; 3. $\left(2x + 3\cos x - \dfrac{2}{x}\right)\mathrm{d}x.$

三、1. $y' = 3x^2\mathrm{e}^{2x} + 2x^3\mathrm{e}^{2x} + 3\cos 3x;$ $\mathrm{d}y = \left[\mathrm{e}^{2x}(3x^2 + 2x^3) + 3\cos 3x\right]\mathrm{d}x.$

2. $y' = -4\sin x - \dfrac{2}{x} - 3e^x$.

习题 3-1

1. 略.

2. $\xi = \dfrac{9}{4}$.

3. 略.

4. 略.

5. (1) 单调增加区间 $(-\infty, 0)$,$(4, +\infty)$;单调减少区间 $(0,4)$.

   (2) 单调增加区间 $(-\infty, +\infty)$.

   (3) 单调增加区间 $(-2, 0)$,$(2, +\infty)$;单调减少区间 $(-\infty, -2)$,$(0,2)$.

   (4) 单调增加区间 $(-1, +\infty)$;单调减少区间 $(-\infty, -1)$.

   (5) 单调增加区间 $\left(\dfrac{1}{2}, +\infty\right)$;单调减少区间 $\left(0, \dfrac{1}{2}\right)$.

   (6) 单调增加区间 $(1, +\infty)$;单调减少区间 $(-\infty, 1)$.

习题 3-2

1. (1) C;　　　　(2) C.

2. (1) 1;　　(2) 2;　　(3) $\cos a$;　　(4) $-\dfrac{3}{5}$;　　(5) $-\dfrac{1}{8}$;　　(6) $\dfrac{m}{n}a^{m-n}$;

   (7) 1;　　(8) 3;　　(9) 1;　　(10) 1;　　(11) $\dfrac{1}{2}$;　　(12) $+\infty$;

   (13) $-\dfrac{1}{2}$;　(14) e^a;　　(15) 1;　　(16) 1.

习题 3-3

1. (1) 极小值 $f(-1) = -4$;(2) 极大值 $f(0) = 0$,极小值 $f(1) = -1$;

   (3) 极小值 $f\left(\dfrac{1}{\sqrt{e}}\right) = -\dfrac{1}{2e}$;(4) 极小值 $f(0) = 0$;　　　　(5) 极大值 $f(2) = \dfrac{4}{e^2}$,极小值 $f(0) = 0$;

   (6) 极大值 $f(1) = 2$.

2. (1) 最大值 $y(-2) = y(2) = 13$,最小值 $y(-1) = y(1) = 4$;

   (2) 最大值 $y(1) = 2$,最小值 $y(0) = 0$;

   (3) 最大值 $y\left(\dfrac{3}{4}\right) = \dfrac{5}{4}$,最小值 $y(-5) = -5 + \sqrt{6}$;

   (4) 最大值 $y(2) = \sqrt[4]{3} + 1$,最小值 $y(0) = 1$;

3. $a = -\dfrac{2}{3}, b = -\dfrac{1}{6}$ 的值,$x = 1$ 是极小值点,$x = 2$ 是极大值点.

4. 长为 32m,宽为 16m 时,用料最省.

5. $x = \dfrac{a}{2}$.

6. 长为 18m,宽为 112m 时,建筑材料最省.

7. 经过 5h,两船相距最近.

8. $r = \sqrt[3]{\dfrac{25}{\pi}}, h = 2\sqrt[3]{\dfrac{25}{\pi}}$.

习题 3-4

1. (1) A;　　　(2) D;　　　(3) C;　　　(4) D.

2. (1) $a = -\dfrac{3}{2}, b = \dfrac{9}{2}$;　　　(2) $(-\infty, 0)$.

3. (1) 曲线在 $(0, \infty)$ 内是凸的;　　(2) 曲线在 $(-\infty, +\infty)$ 内是凸的;

(3) 曲线在 $(-\infty,0)$ 内是凸的,在 $(0,+\infty)$ 内是凹的;

(4) 曲线在 $(-\infty,+\infty)$ 内是凹的;

4. (1) 曲线在 $\left(-\infty,-\dfrac{1}{2}\right)$ 内是凸的,在 $\left(-\dfrac{1}{2},+\infty\right)$ 内是凹的,拐点是 $\left(-\dfrac{1}{2},2\right)$;

(2) 曲线在 $(-\infty,0)$ 内及在 $\left(\dfrac{2}{3},+\infty\right)$ 内是凹的,在 $\left(0,\dfrac{2}{3}\right)$ 内是凸的,拐点是 $(0,1)$ 和 $\left(\dfrac{2}{3},\dfrac{11}{27}\right)$;

(3) 曲线在 $(-\infty,-1)$ 内及在 $(1,+\infty)$ 是凸的,在 $(-1,1)$ 内是凹的,拐点是 $(-1,\ln2)$ 及 $(1,\ln2)$;

(4) 曲线在 $\left(-\infty,-\dfrac{\sqrt{2}}{2}\right)$ 内及在 $\left(\dfrac{\sqrt{2}}{2},+\infty\right)$ 内是凹的,在 $\left(-\dfrac{\sqrt{2}}{2},\dfrac{\sqrt{2}}{2}\right)$ 内是凸的,拐点是 $\left(-\dfrac{\sqrt{2}}{2},\mathrm{e}^{-\frac{1}{2}}\right)$ 和 $\left(\dfrac{\sqrt{2}}{2},\mathrm{e}^{-\frac{1}{2}}\right)$.

5. (1) 水平渐近线为 $y=0$,垂直渐近线为 $x=1$;   (2) 垂直渐近线为 $x=1$;

(3) 水平渐近线为 $y=-2$,垂直渐近线为 $x=0$;   (4) 垂直渐近线为 $x=0$.

6. 略.

复习题三

1. (1) B;   (2) D;   (3) D;   (4) B;   (5) C;   (6) D;   (7) B;   (8) B;

2. (1) 0;   (2) 2;   (3) $-\dfrac{1}{2}$;   (4) 1.

3. 略.

4. (1) 单调增加区间为 $(-\infty,1)$ 和 $(3,+\infty)$,单调减少区间为 $(1,3)$;

(2) 在 $(-\infty,2)$ 内是凸的,在 $(2,+\infty)$ 内是凹的,拐点为 $(2,5)$.

5. $a^2-3b<0$.

6. $a=1,b=-3,c=-24,d=16$.

7. $\dfrac{20\sqrt{3}}{3}(\mathrm{cm})$.

8. $\dfrac{30}{4+\pi}(\mathrm{m})$.

9. 略.

自测题三

一、1. √   2. ×   3. √   4. √   5. √   6. ×   7. ×   8. √

二、1. (1) 单调递减区间是 $[-1,3]$,单调递增区间是 $(-□,-1]\cup[3,+□)$;(2) 极小值 -4,极大值 28.

2. (1) 凸区间为 $(-□,2]$,凹区间为 $[2,+□)$;(2) $(1,5)$.

习题 4-1

1. $y=\dfrac{3}{2}x^2+1$.

2. $3x^2$

3. $2x-\sin x$.

4. $F(x)=\arcsin x+\pi$.

5. (1) $\dfrac{1}{4}x^4+\mathrm{e}^x+C$;   (2) $\dfrac{3}{4}x^{\frac{4}{3}}-2\sqrt{x}+C$;   (3) $\dfrac{1}{2}x^2-\dfrac{4}{3}x^{\frac{3}{2}}+x+C$;

(4) $-2\left(\dfrac{1}{\sqrt{x}}+\sqrt{x}\right)+C$;   (5) $\dfrac{2^x}{\ln2}+3\arcsin x+C$;   (6) $\dfrac{4}{5}x^{\frac{5}{4}}+C$;

(7) $\sec x+\tan x+C$;   (8) $\dfrac{1}{3}x^3+2\arctan x+C$;   (9) $x-\mathrm{e}^x+C$;

(10) $\sin x-\cos x+C$;   (11) $\dfrac{1}{2}x+\dfrac{1}{2}\sin x+C$;   (12) $\tan x-\cot x+C$.

习题 4－2

1. $(1)\dfrac{1}{7}$;　　$(2)-\dfrac{1}{2}$;　　$(3)\dfrac{1}{12}$;　　$(4)\dfrac{1}{3}$;　　$(5)\dfrac{1}{5}$;　　$(6)2$.

2. $(1)-\dfrac{2}{15}(2-3x)^{\frac{5}{2}}+C$;　　　　　$(2)-\dfrac{1}{2}e^{-2x}+C$;　　　　　$(3)-\dfrac{1}{2}(5-3x)^{\frac{2}{3}}+C$;

$(4)\dfrac{1}{12}(x^2+1)^6+C$;　　　　$(5)-\dfrac{1}{3}(4-x^2)^{\frac{3}{2}}+C$;　　　　$(6)-e^{\frac{1}{x}}+C$;

$(7)\dfrac{2}{3}e^{\sqrt{x}}+C$;　　　　　　$(8)\ln(1+e^x)+C$;　　　　　$(9)\ln|\ln\ln x|+C$;

$(10)e^{\sin x}+C$;　　　　　　$(11)\dfrac{1}{3}\sec^3 x+C$;　　　　$(12)\dfrac{1}{3}\tan^3 x+\dfrac{1}{5}\tan^5 x+C$;

$(13)\dfrac{1}{2}\arcsin\sin^2 x+C$;　　$(14)2\arcsin\sqrt{x}+C$;　　$(15)-\dfrac{1}{2}\operatorname{arctan}\cos^2 x+C$;

$(16)\dfrac{1}{12}(x+2)^{12}-\dfrac{2}{11}(x+2)^{11}+C$;　　　　　$(17)\dfrac{3}{4}(x^2+2x)^{\frac{2}{3}}+C$;

$(18)\dfrac{1}{4}\ln\left|\dfrac{2+\ln x}{2-\ln x}\right|+C$;　　$(19)\dfrac{1}{4}\arctan\dfrac{e^{2x}}{2}+C$;　　$(20)\dfrac{1}{\ln 2}\arcsin 2^x+C$;

$(21)\dfrac{1}{2}\arcsin\dfrac{e^{2x}}{2}+C$;　　$(22)\arcsin\ln x+C$;　　$(23)\dfrac{1}{8}\ln\left|\dfrac{e^{2x}-2}{e^{2x}+2}\right|+C$;

$(24)\dfrac{1}{2}\arctan(\sin^2 x)+C$.

3. $(1)2\sqrt{x}-4\sqrt[4]{x}+4\ln(\sqrt[4]{x}+1)+C$;　　$(2)\dfrac{3}{2}\sqrt[3]{(1+x)^2}-3\sqrt[3]{1+x}+3\ln\left|1+\sqrt[3]{1+x}\right|+C$;

$(3)2\sqrt{x}-2\arctan\sqrt{x}+C$;　　　　$(4)\sqrt{x^2-9}-3\arccos\dfrac{3}{x}+C$;

$(5)\dfrac{1}{2}\ln\left|\dfrac{\sqrt{x^2+4}}{x}-\dfrac{2}{x}\right|+C$;　　　$(6)-\dfrac{\sqrt{1-x^2}}{x}+C$;

$(7)\dfrac{x}{\sqrt{x^2+1}}+C$;　　　　　　$(8)\sqrt{a^2+x^2}+\dfrac{a^2}{\sqrt{a^2+x^2}}+C$;

$(9)\sqrt{1-e^{2x}}+\ln\left|\dfrac{\sqrt{1-e^{2x}}-1}{e^x}\right|+C$.

习题 4－3

1. $(1)-x\cos x+\sin x+C$;　　　　　$(2)-xe^{-x}-e^{-x}+C$;

$(3)-e^{-x}(x^2+2x+2)+C$;　　　　$(4)x\ln(1+x^2)-2x+2\arctan x+C$;

$(5)x\arcsin x+\sqrt{1-x^2}+C$;　　　$(6)-\dfrac{\ln x}{x}-\dfrac{1}{x}+C$;

$(7)-\dfrac{\arctan x}{x}+\ln|x|-\dfrac{1}{2}\ln(1+x^2)+C$;　　$(8)\dfrac{1}{2}e^{-x}(\sin x-\cos x)+C$;

$(9)\sqrt{1+x^2}\operatorname{arccot}x+\ln\left|x+\sqrt{1+x^2}\right|+C$;　　$(10)e^{\sqrt{2x-1}}(\sqrt{2x-1}-1)+C$;

$(11)x\arctan\sqrt{x}-\sqrt{x}+\arctan\sqrt{x}+C$;　　$(12)\dfrac{x^3}{3}\arccos x-\dfrac{2+x^2}{9}\sqrt{1-x^2}+C$.

2. $\cos x-\dfrac{2\sin x}{x}+C$.

复习题四

1. $(1)B$;　$(2)B$;　$(3)A$;　$(4)C$.

2. $(1)\dfrac{2}{x^3}$;　　$(2)2\sqrt{x}+C$;　　$(3)-\dfrac{\sin\sqrt{x}}{2\sqrt{x}}$;　　$(4)-\cos e^x+C$;

(5) $\frac{3}{8}(1+x^2)^{\frac{4}{3}}+C$;　　(6) $-\frac{1}{x^2}\sec^2\frac{1}{x}$.

3. (1) $-\frac{1}{8}(3-2x)^4+C$;　　(2) $-\frac{1}{2}(2-3x)^{\frac{2}{3}}+C$;

(3) $\frac{1}{24}(1+x^2)^{12}+C$;　　(4) $\frac{3}{4}(1+\ln x)^{\frac{4}{3}}+C$;

(5) $\sin x-\frac{1}{3}\sin^3x+C$;　　(6) $\frac{1}{3}\sin^3x-\frac{2}{5}\sin^5x+\frac{1}{7}\sin^7x+C$;

(7) $\frac{1}{3}\arctan\frac{x-4}{3}+C$;　　(8) $\arcsin x-\frac{1-\sqrt{1-x^2}}{x}+C$;

(9) $\frac{1}{3}\sec^3x-\sec x+C$;　　(10) $\left|\arccos\frac{1}{x}\right|+C$;

(11) $\frac{1}{15}(8-4x^2+3x^4)\sqrt{1+x^2}+C$;　　(12) $\ln|x|+2\arctan x+C$.

4. (1) $-x\cos x+\sin x+C$;　　(2) $\frac{1}{3}x^3\ln x-\frac{1}{9}x^3+C$;

(3) $x\ln^2x-2x\ln x+2x+C$;　　(4) $\frac{1}{6}x^3+\frac{1}{2}x^2\sin x+x\cos x-\sin x+C$;

(5) $x\arcsin x+\sqrt{1-x^2}+C$;　　(6) $\frac{x}{2}(\sin\ln x-\cos\ln x)+C$;

(7) $\frac{1}{3}x^3\arctan x-\frac{1}{6}x^2+\frac{1}{6}\ln(1+x^2)+C$;　　(8) $-\frac{8}{17}e^{-2x}\sin\frac{x}{2}-\frac{2}{17}e^{-2x}\cos\frac{x}{2}+C$.

5. $x^2\sin x^2+\cos x^2+C$.

自测题四

一、1. ×.　2. ×.　3. ×.　4. ×.　5. √.　6. ×.　7. ×.　8. √.　9. √.　10. ×.

二、1. (1) $\frac{x^2}{2}+2e^x+3\ln|x|+C$.　　(2) $\frac{x^3}{3}-\sin x+4\ln|x|+C$.

2. (1) $\frac{(2x-3)^{11}}{22}+C$　　(2) xe^x-e^x+C.

习题 5-1

1. 略.

2. (1) 2π;　(2) 2π;　(3) 28.

3. (1) $\leqslant$;　　(2) $\geqslant$;　　(3) $\geqslant$;　　(4) $\leqslant$.

4. (1) $1\leqslant\int_0^1(1+x^2)\,\mathrm{d}x\leqslant2$;　　(2) $\frac{\pi}{2}\leqslant\int_{\frac{\pi}{2}}^{\pi}(1+\sin^2x)\,\mathrm{d}x\leqslant\pi$;

(3) $2e^{-\frac{1}{4}}\leqslant\int_0^2e^{x^2-x}\,\mathrm{d}x\leqslant2e^2$;　　(4) $2\leqslant\int_{-1}^{1}\sqrt{1+x^2}\,\mathrm{d}x\leqslant2\sqrt{2}$.

习题 5-2

1. (1) $\frac{1}{1+x^2}$;　　(2) $2x^3e^{|x|}$;　　(3) $\cos^3x+\sin^3x$.

2. (1) $\lim\limits_{x\to0}\dfrac{\int_0^x e^{t^2}\mathrm{d}t}{\sin x}=\lim\limits_{x\to0}\dfrac{e^{x^2}}{\cos x}=1$;　　(2) $\lim\limits_{x\to0}\dfrac{\int_0^x(e^{t^2}-1)\mathrm{d}t}{x^3}=\dfrac{1}{3}$;

(3) $\lim\limits_{x\to0}\dfrac{\int_0^x\cos^2t\,\mathrm{d}t}{x}=1$;　　(4) $\lim\limits_{x\to0}\dfrac{\int_0^x\arctan t\,\mathrm{d}t}{x^2}=\dfrac{1}{2}$.

3. (1) $\dfrac{2}{3}$;　(2) 2;　(3) $\dfrac{\pi}{4}-\dfrac{1}{2}$;　(4) $\dfrac{1}{6}a^2$;　(5) 4;　(6) $\dfrac{29}{2}$.

习题 5－3

1. (1) $\dfrac{1}{2}(e-1)$;　(2) $\dfrac{\pi^2}{32}$;　(3) $\dfrac{1}{3}$;　(4) $2\sqrt{2}-2$;　(5) $-\dfrac{\pi}{4}+\arctan 2$;

(6) $\dfrac{\pi}{3}+\dfrac{\sqrt{3}}{2}$;　(7) $\dfrac{\sqrt{3}}{3}\pi$;　(8) $\dfrac{\pi}{6}$;　(9) $\sqrt{3}-\dfrac{\pi}{3}$;　(10) $e-e^{\frac{1}{2}}$;　(11) $\ln\left(\dfrac{e+1}{2}\right)$.

2. (1) 0;　(2) $\dfrac{\pi^3}{324}$;　(3) $\dfrac{\sqrt{2}}{a^2}$;　(4) 0;　(5) 0.

习题 5－4

(1) 1;　(2) $1-2e^{-1}$;　(3) $2-\dfrac{2}{e}$;　(4) $\dfrac{\pi}{12}+\dfrac{\sqrt{3}}{2}-1$;

(5) $\dfrac{1}{2}(e^{\frac{\pi}{2}}+1)$;　(6) 1;　(7) $\dfrac{35}{256}\pi$;　(8) $\dfrac{8}{105}$.

＊习题 5－5

(1) $\dfrac{1}{2}$;　(2) 1;　(3) 1;　(4) 1;　(5) 1;　(6) 不存在;　(7) $\dfrac{1}{2}\ln 2$;

(8) 不存在;　(9) -1;　(10) 1;　(11) 不存在;　(12) $\dfrac{1}{2}$.

习题 5－6

1. (1) $\dfrac{4}{3}$;　(2) $10\dfrac{2}{3}$;　(3) $\dfrac{3}{2}-\ln 2$;　(4) $2e^2+2$;　(5) 1;　(6) $\dfrac{32}{3}$.

2. (1) $\dfrac{832}{15}\pi$;　(2) $\dfrac{1408}{15}\pi$;　(3) $V_x=\dfrac{128}{7}\pi,\ V_y=\dfrac{64}{5}\pi$;　(4) $V_x=\dfrac{15}{2}\pi,\ V_y=\dfrac{124}{5}\pi$.

＊3. 由于闸门关于 x 轴对称,只要计算一半闸门的水压力,然后再二倍就得闸门所受总的水压力. 取水深 x 为积分变量. 由题 3 图,积分区间为 $[0,10]$,直线方程为 $y=3-\dfrac{1}{5}x$. 因此,闸门所受的总的水压力为

$$P = 2\int_0^{10}\rho gxy\,dx \quad (\rho=1\text{t}/\text{m}^3)$$

$$= 2\times 9.8\int_0^{10}x\left(3-\dfrac{1}{5}x\right)dx = 9.8\times\left[3x^2-\dfrac{2}{15}x^3\right]_0^{10}\approx 1633.3\,(\text{kN}).$$

＊4. 建立坐标系如题 4 图所示,圆的方程为 $x^2+y^2=1$. 选水深 x 为积分变量,$x\in[0,1]$. 在 $[0,1]$ 上任意小区间 $[x,x+dx]$ 上相应小薄圆柱体的水重近似为 ($\rho=1\times10^3\text{kg}/\text{m}^3$,$g=9.8\text{m}/\text{s}^2$)

$$9.8\,\pi y^2\,dx = 9.8\,\pi(1-x^2)\,dx$$

将这小水柱体提到池口的距离为 x,故功微元为

$$dW = 9.8\,\pi(1-x^2)\,dx\cdot x = 9.8\,\pi(x-x^3)\,dx$$

将功的微元在区间 $[0,1]$ 上累积,得所求功为

$$W = \int_0^1 9.8\,\pi(x-x^3)\,dx = 9.8\,\pi\left(\dfrac{1}{2}x^2-\dfrac{1}{4}x^4\right)\Big|_0^1 \approx 7.7\times10^3\,(\text{J}).$$

复习题五

1. (1) B;　(2) A;　(3) C;　(4) B;　(5) B;　(6) D;　(7) C;　(8) D;

(9) A;　(10) A;　(11) B;　(12) B.

2. (1) $-\dfrac{\pi}{8}$;　(2) $f(1)$;　(3) $x - \dfrac{3}{8}x^2$;　(4) 4;　(5) 0;　(6) $2 - \dfrac{\pi}{2}$;　(7) -1;

　　(8) $\dfrac{1}{12}$;　(9) $\dfrac{5}{6}$;　(10) $\arctan f(3) - \arctan f(1)$;　(11) $2e^2 + 2$;　(12) $\ln 2$.

3. (1) $1 - \dfrac{\sqrt{3}}{3} + \dfrac{\pi}{12}$;　(2) 1;　(3) 1;　(4) $7 + 2\ln 2$;　(5) $\dfrac{\pi}{4} + \dfrac{1}{2}$;　(6) 1.

*4. (1) $\dfrac{\pi}{8}$;　(2) $\dfrac{1}{8}\ln^2 2$;　(3) $\dfrac{3}{16}\pi$;　(4) $\dfrac{\pi}{4} - \dfrac{1}{2}$;　(5) $\dfrac{20}{3}$;　(6) $\dfrac{7}{144}\pi^2$.

*5. e.

6. 略.

7. $-4t^4$.

*8. $y = \dfrac{2}{\pi}\left(x - \dfrac{\pi}{2}\right)$.

*9. (1) $\dfrac{\pi}{4}$;　(2) $\dfrac{\pi^2}{4}$.

*10. $V_1 = \dfrac{\pi}{2}a^2$, $V_2 = \pi\left(1 - \dfrac{4}{5}a\right)$; $a = \dfrac{4}{5}$.

自测题五

一、1. ×.　2. √.　3. ×.　4. ×.　5. √.　6. √.　7. √.　8. ×.　9. ×.　10. ×.

二、1. $\dfrac{7}{3} - \sin 2 + \sin 1 + \ln 2$.　2. (1) 1. (2) $\dfrac{\pi}{2} - 1$.　3. $\dfrac{32}{3}$.

习题 6 – 1

1. 3.09767, $2 + \text{Cos}[1]$, $\sqrt{\dfrac{\pi}{2}} + \dfrac{\pi^2}{4}$, $x^4 + \sqrt{x^2} + \text{Cos}[x^2]$.

2. 2.25,　2.

3. $x^4 - 3x^2 y + 3x^2 y^2 + 2x^3 y^2 - xy^3 - 6x^2 y^3 + 6xy^4 - 2y^5$.

4. $(1 + x)(2 + 2x + x^2)$.

5. 1.2732395,　1.7819230.

6. 0.001911300771,　0,　8.

习题 6 – 2

(1) 0;　(2) $\dfrac{1}{2\sqrt{3}}$;　(3) $\dfrac{1}{e^2}$;　(4) e^2;　(5) $\dfrac{1}{2}$;　(6) $\dfrac{1}{2}$;　(7) 1;　(8) $e^{-\frac{1}{6}}$.

习题 6 – 3

1. (1) $x^2 \text{Cos}[x] + 2x\text{Sin}[x]$;　　(2) $\dfrac{1 + \dfrac{x}{\sqrt{a^2 + x^2}}}{x + \sqrt{a^2 + x^2}}$;

　　(3) $-\dfrac{\text{Cot}[x]}{2(1 + \sqrt{x})^2 \sqrt{x}} - \dfrac{\text{Csc}^2[x]}{1 + \sqrt{x}}$;　　(4) $\dfrac{3^{\sqrt{\text{Log}[x]}}\,\text{Log}[3]}{2x\,\sqrt{\text{Log}[x]}}$.

2. (1) $-\dfrac{1}{18}$;　(2) 1.

3. (1) $\left\{\left\{\text{Dt}[y, x] \to \dfrac{y^2}{e^y - 2xy}\right\}\right\}$;　　(2) $\left\{\left\{\text{Dt}[y, x] \to \dfrac{\text{Csc}[xy](1 + y\text{Sin}[xy])}{x}\right\}\right\}$;

　　(3) $\left\{\left\{\text{Dt}[y, x] \to \dfrac{-x - y}{-x + y}\right\}\right\}$;　　(4) $\left\{\left\{\text{Dt}[y, x] \to \dfrac{y(x^y y - xy^x \ln y)}{x(xy^x - x^y y\ln x)}\right\}\right\}$.

4. $pD\left[\left\{-\dfrac{6t^3}{(1+t^2)^2}+\dfrac{6t}{1+t^2}-\dfrac{6t^2}{(1+t^2)^2}+\dfrac{3}{1+t^2}\right\},\ \dfrac{-\dfrac{6t^3}{(1+t^2)^2}+\dfrac{6t}{1+t^2}}{-\dfrac{6t^2}{(1+t^2)^2}+\dfrac{3}{1+t^2}}\right];$

$pD\left[\left\{\dfrac{12}{25},\ -\dfrac{9}{25}\right\},\ -\dfrac{4}{3}\right].$

5. （1）$-\dfrac{\sqrt{1+t}}{\sqrt{1-t}}$；　（2）$-\tan t$．

习题 6 − 4

1. $\mathrm{In}[13]:=h[x\_]:=\dfrac{x^2}{1+x}$

$\mathrm{Plot}[h[x],\{x,-4,6\}]$

$\mathrm{Out}[14]=-\text{Graphics}-$

2. $\mathrm{In}[19]:=f[x\_]:=x^2-(\mathrm{Sin}[x])^2/;\ x\leqslant 0$

$\mathrm{In}[20]:=f[x\_]:=1-2x/;\ x>0$

$\mathrm{In}[21]:=\mathrm{Plot}[f[x],\{x,-6,4\}]$

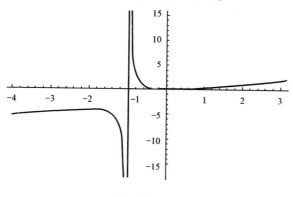

题 1 图

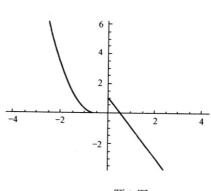

题 2 图

3. $\mathrm{In}[26]:=\mathrm{ParametricPlot}[\{2(\mathrm{Cos}[t])^3,2(\mathrm{Sin}[t])\},\{t,-3,3\}]$

4. $\mathrm{In}[27]:=\mathrm{Plot}\left[\dfrac{x^2(x-1)}{(x+1)^2},\{x,-5,35\}\right]$

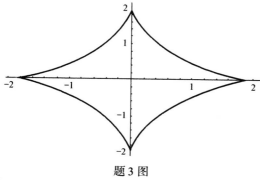

题 3 图

题 4 图

5. $\mathrm{In}[28]:=\mathrm{Plot}\left[\sqrt{8x^2-x^2},\{x,-2\sqrt{2},2\sqrt{2}\}\right]$

6. 极大值 $f(1)=1$，极小值 $f(3)=-3$．

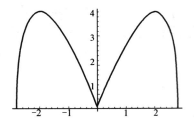

题 5 图

7. 极大值 $f(9.67196) = -205.827$，极小值 $f(15.8558) = -687.192$，

　极大值 $f(6.64663) = 78.2114$，极小值 $f(12.7519) = 406.851$，

　极大值 $f(18.9723) = 1051.35$.

习题 6 - 5

$(1) \dfrac{2(-3+x^2)}{3\sqrt{x}} + C$；

$(2) 2x + 2\mathrm{Sec}[x] - 2\mathrm{Tan}[x] + C$；

$(3) \dfrac{1}{2}(-x + (1+x^2)\mathrm{ArcTan}[x]) + C$；

$(4) 3\mathrm{ArcTan}[x] + \mathrm{Log}[1+x^2] + C$；

$(5) -\dfrac{1}{2}\ln\cos x + \dfrac{1}{2}\ln\sin x + \dfrac{1}{2}\tan x + C$；

$(6) \sqrt{3x^2 - 5x + 6} + C$；

$(7) 3\sin\dfrac{x}{6} + \dfrac{3}{5}\sin\dfrac{5}{6}x + C$；

$(8) -\sqrt{1+x^2} + x\ln(x + \sqrt{1+x^2}) + C$；

$(9) \dfrac{4\arctan\dfrac{\tan\dfrac{x}{2}}{\sqrt{3}}}{\sqrt{3}} + \ln(2 + \cos x) + C$；

$(10) -\dfrac{1}{48}\sec^4 x(-12x + 4\sin 2x + \sin 4x) + C$.

习题 6 - 6

$(1) 2\sqrt{2}$；

$(2) \dfrac{\sqrt{3}}{8}$；

$(3) 1$；

$(4) \pi$；

$(5) \dfrac{1}{64}(-8 + 5\pi)$；

$(6) \dfrac{4}{9}(1 - 2\sqrt{2} + \sqrt{2}\ln 8)$；

$(7) \dfrac{1}{4}(\pi + \ln 4)$；

$(8) -\sqrt{3}\,\mathrm{i} + C$；

$(9) \dfrac{\pi}{3}$；

$(10) \dfrac{\pi}{2}$.

参 考 文 献

[1] 同济大学,天津大学,浙江大学,等. 高等数学.2 版. 北京:高等教育出版社,2008.
[2] 侯风波. 高等数学.2 版. 北京:高等教育出版社,2003.
[3] 藤桂兰. 高等数学.2 版. 天津:天津大学出版社,2004.
[4] 王汉蓉. 高等数学.2 版. 武汉:华中科技大学出版社,2003.
[5] 盛祥耀. 高等数学.2 版. 北京:高等教育出版社,2003.
[6] 《高等数学》编写组. 高等数学.3 版.北京:石油工业出版社,2013.